KB167949

처음부터 물리가
이렇게 쉬웠다면

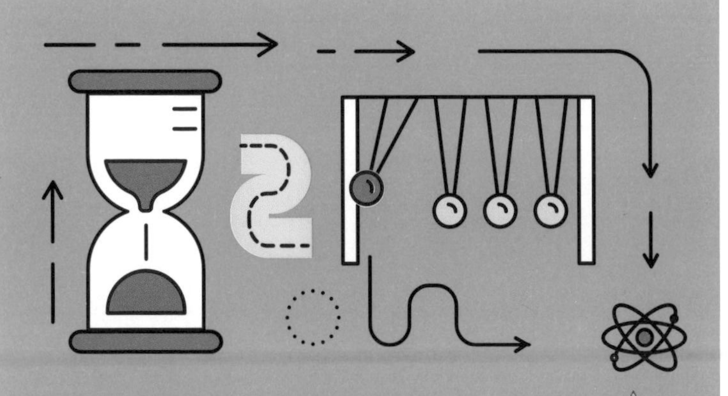

처음부터 물리가 이렇게 쉬웠다면

사마키 다케오 지음 | 신희원 옮김 | 강남화 감수

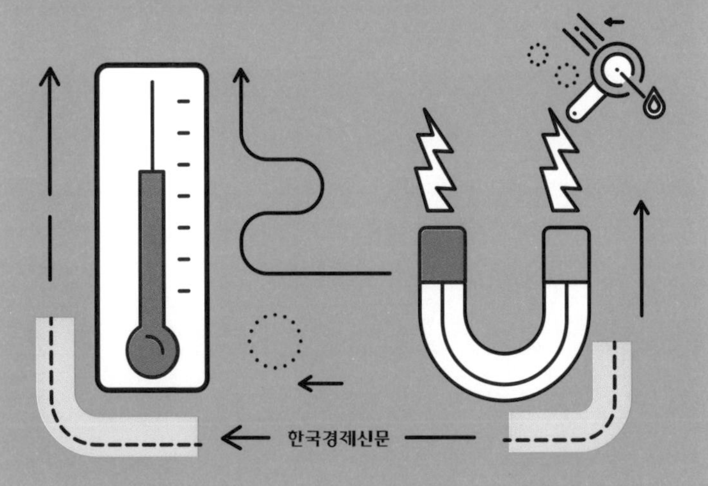

한국경제신문

저자의 말

많은 사람들이 과학을 더 쉽게 이해하고 싶어 한다. 과학은 복잡하고 다가가기 어려운 학문이라는 인식이 강하기 때문이다. 한편 과학을 전공한 전문가들도 대중에게 과학을 더 쉽고 친숙하게 전달하고 싶어 한다. 좀 더 많은 이들이 과학에 관심을 가졌으면 하는 바람이 있기 때문이다. 그래서 시중에는 전문가들이 생활 속 과학 사례를 이야기로 풀어 출간한 책이 많다. 쉬운 과학책을 찾는 독자의 욕구와, 독자의 흥미를 유발하고자 하는 저자의 욕구가 만난 결과다.

나 역시 같은 생각이었다. 나는 중 · 고등학교 과학 교과서를 만드는 집필자이자 편집위원이고 현장에서 학생들을 가르치는 선생님이었다. 30여 년간 교단에서 과학에 흥미를 느끼지 못하는 학생들을 바라보며 과학이 얼마나 신기하고 흥미진진한 학문인지 알려주고 싶었다.

그러나 정부의 지침에 따라 만들어야 하는 교과서는 많은 부분에 제한이 있어, 교과서만으로는 학생들에게 그 재미를 전달하기가 힘들었다. 그래서 생활에서 찾을 수 있는 과학 지식과 다양한 실험 사례를 이야기로 풀어낸《재밌어서 밤새 읽는 화학 이야기》,《재밌어서 밤새 읽는 물리 이야기》 등을 집필했고, 다행히 이 책들이 독자들의 큰 사랑을 받아 베스트셀러가 되었다. 너무나 감사한 일이다.

그런데 이러한 책들이 많이 나오고 베스트셀러가 되어도, 사람들은 여전히 과학을 낯설고 어렵게 느끼는 것 같았다. 화학, 물리, 생물 등 과학 과목 역시 학생들이 여전히 배우기 싫어하는 과목이었다. 그래서 다시 고민을 시작했다. 무엇이 문제일까?

그러던 중 이 수많은 교양 과학서의 한계가 어디에 있는지 깨달았다. 대부분의 책이 과학에 대한 호기심은 자극했지만 실제로 정돈된 지식을 쌓는 데는 도움을 주지 못하고 있었다. 사례 위주로 다루다 보니 파편적 지식들을 짤막하게 소개하는 데 그칠 수밖에 없기 때문이다.

그러면 아무리 즐겁게 읽은 내용이라도 쉽게 휘발되어 버린다. 재미난 이야기로 구성된 과학책을 많이 읽어도 여전히 과학이 어렵게 느껴지는 이유가 여기에 있었던 것이다.

따라서 나는 생활 속 과학 이야기가 아닌, 과학의 기초를 쉽고 재미있게 전달해주는 과학 시리즈를 쓰기로 마음먹었다. 기본 원리 자체를 모르면 아무리 흥미로운 사례를 풍부하게 읽는다 해도 자기만의 지식이 되지 않기 때문이다. 그 결과물이 바로 《처음부터 과학이 이렇게 쉬웠다면》 시리즈다. 초 · 중등 과학 교과 과정에서 다루는 핵심 내용을 화학, 물리, 생물로 나누어 뽑은 후 기초 원리를 차근차근 설명했다. 귀여운 야옹 군과 박사님 캐릭터가 소개하는 그림 자료도 풍성하게 넣어 읽는 재미에도 신경을 썼다. 청소년뿐 아니라 교양 과학에 관심이 많은 성인 독자도 즐겁게 읽으면서 핵심 원리를 기억할 수 있는 책이 되도록 노력했다. 그렇게 주요 원리를 익히고 나면 수많은 교양 과학서들이 더 깊이 있게 눈에 들어올 것이다. 모쪼록 신비로운 과학의 세계를 전체적으로 파악하고 기본이 되는 뼈대를 세우고, 무엇보다 과학적 사고방식을 장착하는 데에 이 시리즈가 도움이 되길 바란다.

사마키 다케오

○ 저자의 말 004

제1장
빛이 빠를까, 소리가 빠를까?

1 어떻게 물체를 볼 수 있을까? 014
2 앞으로 앞으로, 직진하는 빛 017
3 우리는 하루 종일 빛을 반사하는 중 020
4 빛의 굴절, 지름길로 가려면 꺾어라! 025
5 렌즈는 빛의 굴절을 이용한 것 030
6 왜 안경을 쓰면 더 잘 보일까? 032
7 눈에 보이지 않는 빛이 있다고? 040
8 왔다 갔다 진동하는 물체 043
9 소리의 정체는 바로 진동 045
10 고체·액체·기체 모두 소리를 전달해 048

제2장
하늘 높이 던진 공은 왜 땅으로 떨어질까?

1 힘이란 무엇일까? 054
2 우리 모두는 서로를 끌어당기고 있어 058
3 작용이 있는 곳에 반작용이 있는 법! 065

4 힘의 크기는 어떻게 측정할까? 068
5 질량과 무게는 달라 070
6 화살표로 힘을 나타내기 074
7 나는 지금 어떤 힘을 받고 있을까? 076
8 힘과 압력의 차이 082
9 바다 깊은 곳에서 귀가 먹먹해지는 이유 086
10 공기가 나를 누르고 있다고? 088

제3장

온도와 열은 어떻게 다를까?

1 온도는 왜 변할까? 094
2 따뜻하면 팽창하고 차가우면 수축하고 098
3 열이 이동하니까 온도가 변하는 거야 101
4 열량! 몇 칼로리예요? 108
5 방정식으로 온도 계산하기 111
6 물질마다 달라지는 비열 115

제4장

전류가 흐르는 원리는 무엇일까?

1 겨울엔 왜 정전기가 잘 일어날까? 122
2 전기 회로도 그리기 128

3 전선 안에는 자유 전자가 둥둥 떠다녀 131
4 전류가 물이라면 전압은 수압 136
5 직렬 회로와 병렬 회로의 차이 140
6 전압을 계산해보자! 145
7 전류와 전압의 관계 146
8 저항, 전류의 흐름을 방해하는 원인 148

제5장
전류로 자석을, 자석으로 전기를 만드는 법

1 전류가 흐르면 열이 발생해 156
2 우리 집 전기 요금은 어떻게 계산할까? 160
3 주위에서 쉽게 찾을 수 있는 자석과 자기장 162
4 전류로 자석을 만들 수 있다고? 166
5 전기 모터가 작동하는 원리 168
6 자석으로도 전기를 만들 수 있다고? 171

제6장
우리 주위에 작용하고 있는 힘

1 두 개의 힘을 하나로 합치면? 178
2 하나의 힘을 두 개로 나누면? 180
3 걷게 하는 힘, 마찰력 181

4 세 힘이 균형을 이룰 때 184
5 띄우는 힘, 부력 185
6 운동하는 물체엔 속력이 있어 186
7 물체를 아래로 떨어뜨릴 때 189
8 우주에서 공을 던지면 어떻게 될까? 192

제7장

에너지는 보존된다

1 과학의 관점에서 말하는 '일' 198
2 도구를 쓰면 힘이 덜 드는 이유 202
3 사람이 하는 일의 능률도 계산할 수 있다? 205
4 에너지, 일을 할 수 있는 능력 207
5 위치 에너지와 운동 에너지 208
6 에너지들끼리 서로 옮겨다닌다고? 210
7 에너지 보존 법칙 214

○ 찾아보기 220

반짝
반짝
아이
눈부셔!

제1장

빛이 빠를까, 소리가 빠를까?

빛이 없는 깜깜한 어둠 속에서 주변을 계속 응시하다 보면, 어렴풋이나마 주위가 보인다고 느껴질 때가 많다. 실제로 우리가 사물을 볼 수 있는 이유는 가시광선이 눈에 들어오기 때문이다. 이 사실을 토대로 빛에 대해 알아보고, 반사나 굴절 등 빛의 움직임과 눈에 보이지 않는 빛, 빛과 닮은 듯 다른 소리에 대해서도 배워보자.

·1· 어떻게 물체를 볼 수 있을까?

문제 **전혀 빛이 없는 어둠 속에 있을 때에도, 눈이 어둠에 익숙해지면 주변의 사물이 보이게 될까?**

(가) 점차 또렷하게 보인다

(나) 어렴풋하게나마 보이기 시작한다

(다) 절대 보이지 않는다

우리 주변의 물체는 빛을 내거나 반사한다. 물체가 보이는 건 물체에서 나온 빛이 눈에 들어오기 때문이다. 물체에서 나온 빛이 우리 눈에 들어오지 않는 한, 물체는 보이지 않는다. 그러므로 빛이 없는 어둠 속에서는 절대 물체를 볼 수 없다. 따라서 정답은 (다)이다.

그림 1 눈에 보이지 않는 빛의 다발

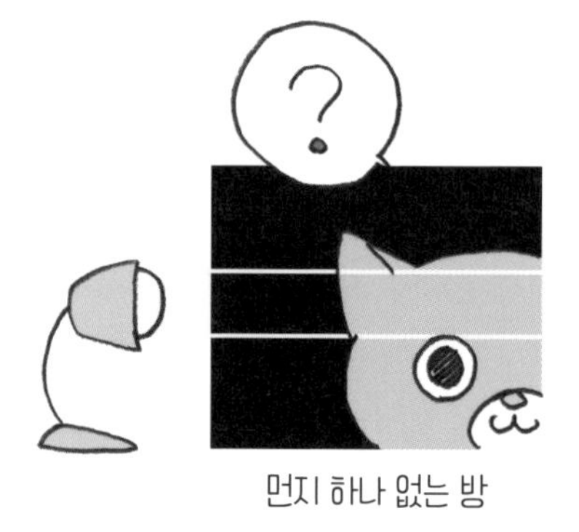

● 반사되지 않으면 보이지 않는 빛

먼지 하나 없는 깨끗한 방을 깜깜하게 하면 빛의 다발이 눈앞을 지나도 우리는 그것을 볼 수 없다. 눈앞을 스쳐 지나갈 뿐, 눈에 빛이 들어오지 않기 때문이다(그림 1). 영화관 등에서 주변을 볼 수 있는 이유는 공기 중에 떠다니는 먼지나 담배 연기 등에 빛이 닿아 사방팔방으로 반사된 것의 일부가 우리 눈에 들어오기 때문이다.

그림 2 사물이 보이는 원리

스스로 빛을 뿜어내는 것에는 태양, 전구, 형광등, 반딧불이 등이 있다. 이렇게 스스로 빛을 내는 물체를 '광원'이라고 한다. 태양은 자연계의 중요한 광원이다. 인류는 빛이 약한 곳에서는 태양을 대신하는 인공 광원을 사용한다. 처음에는 장작불이나 횃불을 이용했다. 그로부터 양초, 가스등, 그리고 마침내 전등, 형광등, LED의 발명으로 이어져온 게 인공 광원의 역사다.

• 비밀은 반사에 있다

우리 주변의 사물이 보이는 이유는 대부분 사물이 스스로 빛을 내기 때문이 아니라 다른 데서 온 빛을 반사하기 때문이다. 사물에서 나온 반사광이 눈에 들어오기 때문에 그 물체를 볼 수 있는 것이다 (그림 2).

·2· 앞으로 앞으로, 직진하는 빛

구름 사이로 햇빛이 한 줄기 보일 때를 떠올려보자. 이처럼 **빛은 직진한다**(똑바로 뻗어 나간다). 이렇게 빛이 나아가는 진로를 '광선'이라고 한다. 해가 비치면 사람, 나무, 건물 등의 그림자가 생기는 이유는 빛이 직진하기 때문이다(그림 3). 공기 중에서뿐만 아니라 물 속에서도, 유리 속에서도 빛은 한결같이 물질 속을 직진한다.

그림 3 그림자가 생기는 이유

• 물체의 위치 파악이 가능한 건 빛의 직진 덕분

빛이 직진하기에 우리는 눈에 들어온 빛으로부터 빛이 지나온 길을 되짚어 그 방향에 사물이 있다고 느낀다. 눈에 들어온 빛은 수정체라는 렌즈를 통과해 빛을 느끼는 세포군이 있는 망막으로 간다. 망막에서 빛은 전기 신호로 바뀌어 시신경을 통해 뇌로 전달된다(그림 4).

그림 4 눈의 구조와 사물이 보이는 원리

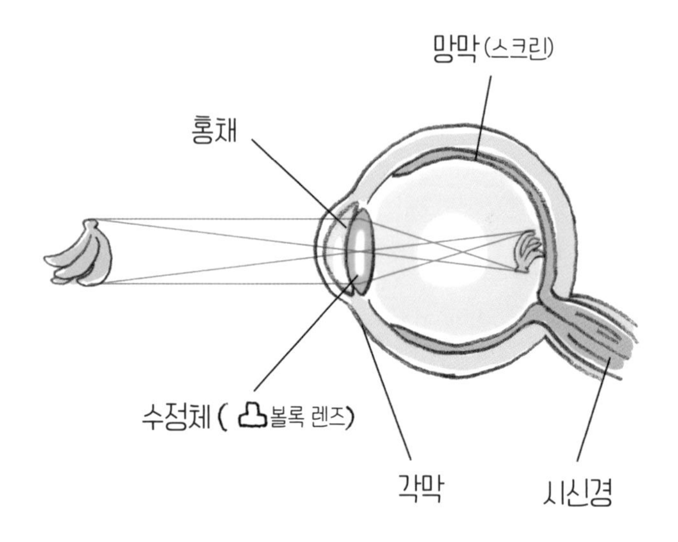

◎ 추억의 바늘구멍 사진기 ◎

초등학교 과학 시간에 배운 바늘구멍 사진기를 기억하는가? 이것은 빛이 직진하는 성질을 이용한 것이다. 검은 상자의 한쪽 끝에 바늘구멍(핀 홀)을 뚫는다. 그러면 A에서 나온 빛 중에서 바늘구멍을 통과한 것은 A′으로, B에서 나온 빛 중에서 바늘구멍을 통과한 것은 B′으로 각각 나아가므로 스크린에 상하좌우가 바뀌어 나타난다. 바늘구멍 대신에 볼록 렌즈, 스크린에 필름을 쓰면 그것이 바로 카메라다.

그림 5 바늘구멍 사진기

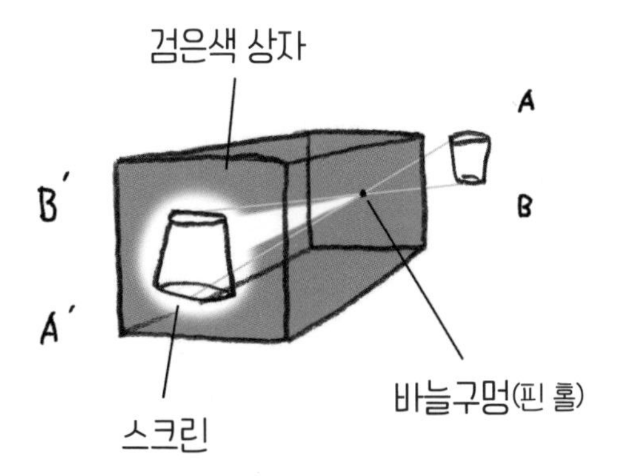

·3· 우리는 하루 종일 빛을 반사하는 중

거울에 빛이 비스듬히 닿으면 똑같은 각도로 튕겨 나간다. 이것을 '반사 법칙'이라고 부른다(그림 6). 거울에 비친 물체는 거울의 뒤에 있는 것처럼 보인다. 하지만 실제로는 거기에 없다.

물체 S에서는 사방팔방으로 빛이 나온다(난반사 현상). 그중, 거울과 마주한 우리 눈에 들어오는 광선을 떠올려보자(그림 7). 눈으로 보기에는 마치 점 S′에서부터 빛이 출발해서 우리 눈으로 들어오는 것처럼 느껴진다. 이 점 S′은 반사 광선을 거울 뒤쪽으로 늘려서 만들어진 점이다. 실제로 점 S′에서부터 눈으로 빛이 들어온 것이 아니므로 점 S′은 '허상'이라고 한다.

그림 6 반사 법칙

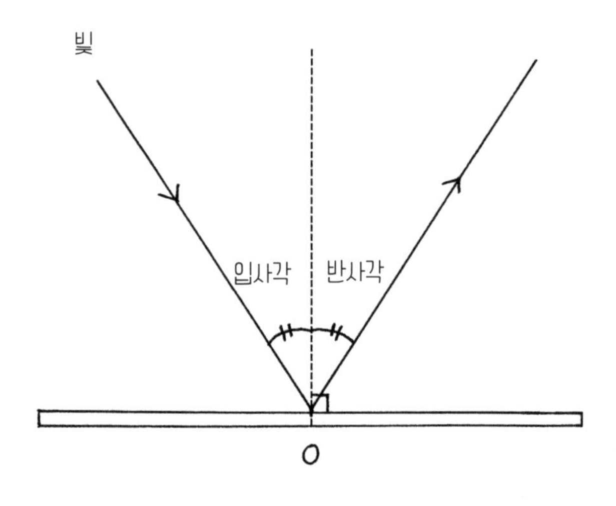

그림 7 거울에서 보는 실상과 허상

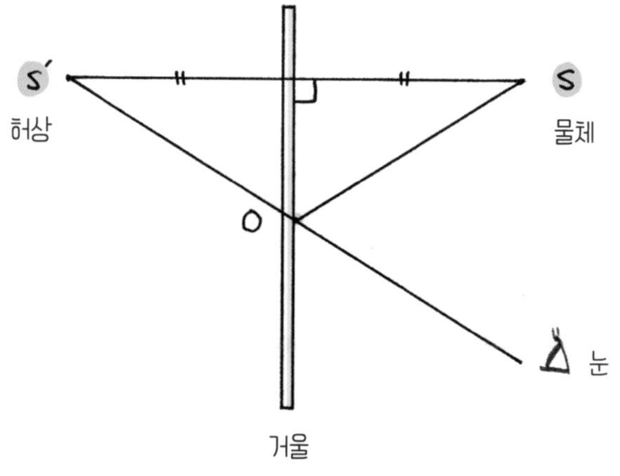

• 난반사, 사물이 보이는 진짜 이유

거울과 같이 매끄러운 면은 빛을 한 방향으로 반사한다. 보통 물체는 언뜻 보기에 매끈해 보이지만 실제로는 울퉁불퉁하다. 따라서 각 부분에서 제각각 반사 법칙이 일어나다 보니 물체 전체로 보면 빛이 여러 방향으로 반사된다. 이러한 현상을 '난반사'라고 한다.

낮에 밖에서 우리가 서로의 모습을 볼 수 있는 이유는 햇빛이 우리 몸에 닿아 난반사된 빛이 우리 눈에 들어오기 때문이다(그림 8). 햇빛을 직접 바라보면 눈이 부셔 보기가 힘들지만, 눈에 들어오는 난반사된 빛은 햇빛의 아주 일부분이므로 눈부시지 않다. 우리가 보통 불편함 없이 사물을 볼 수 있는 이유는 태양이나 전구 등의 빛이 사물에 닿아 난반사하기 때문이다.

그림 8 난반사와 전반사

◎ 거울이 만들어지는 원리 ◎

거울에 유리가 쓰인다는 사실은 다들 알고 있을 것이다. 하지만 알고 보면 거울의 주인공은 유리가 아니다. 유리에 얇은 은으로 된 막을 씌우는데, 바로 이 막이 거울 역할을 한다. 번쩍번쩍하게 닦은 은과 같은 금속은 대체로 빛을 반사한다. 그러니 금속이라면 무엇이든지 거울이 될 수 있다. 옛날에는 청동거울이라고 해서, 동과 주석으로 된 합금을 연마해 거울로 사용했다. 청동거울과 같이 금속을 그대로 사용한 거울은 아무래도 녹이 잘 슬어 자주 닦아야 하고, 전체가 금속으로 되어 있어 무겁다. 하지만 유리에 은을 씌워 만든 현대의 거울은 녹이 잘 슬지 않고, 흠집도 잘 나지 않아 굳이 닦아낼 필요가 없다. 이렇게 지금 우리가 사용하는 거울은 19세기 중반에 발명되었다.

보통 유리 거울은 유리 뒤에 은을 얇게 깔고, 더 튼튼히 하기 위해 구리를 겹쳐 깐 뒤 마지막으로 벵갈라(산화 철로 된 자연 물감) 등을 바른다. 거울을 천천히 사포로 문질러보면 내부 구조를 알 수 있다.

그림 9 거울의 구조

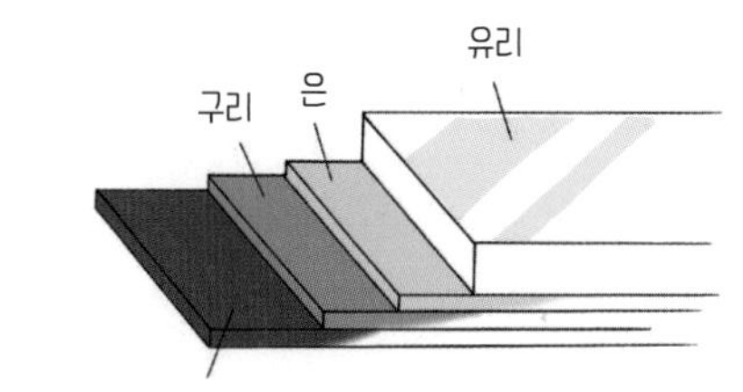

◎ 무색투명한 물질이라도 분말은 하양게 보여 ◎

얼음이나 유리 등 무색투명한 물질에 빛이 닿으면 대부분의 빛이 반대쪽으로 뚫고 나간다. 하지만 무색투명한 물질도 하얗게 보일 때가 있다. 예를 들어 투명한 유리판을 갈면 표면이 울퉁불퉁해져서 난반사가 일어난다. 그래서 불투명해지고 표면이 하얗게 보인다(여기에 물을 뿌리면 울퉁불퉁한 부분이 물로 채워져서 평평해지므로 다시 투명해진다).

어떤 무색투명한 물질도 분말로 만들면 하얗게 보인다. 사실 투명한 물질이라도 표면에서 조금은 반사가 일어난다. 분말이 되면 표면적이 훨씬 늘어나 반사량도 늘어나므로 하얗게 보이는 것이다.

유리 분말, 빙수를 만들기 위해 간 얼음, 소복이 쌓인 눈 등은 표면에서 빛이 조금씩 수만 번 반사하므로 하얗게 보인다. 고체뿐만 아니라 액체에서도 같은 현상을 발견할 수 있는데, 구름이나 부서지는 파도가 하얗게 보이는 것이 그 예다.

그림 10 얼음 가루는 흰색

얼음을 잘게 부수면 흰색으로 보여.

표면적이 늘어서 반사량도 늘어나기 때문이지.

·4· 빛의 굴절, 지름길로 가려면 꺾어라!

빛은 반사만 하는 것이 아니라 굴절하기도 한다. 보통 물이나 유리 등에 빛이 들어갈 때 굴절 현상을 볼 수 있다. 물속에 넣은 젓가락이 구부러진 것처럼 보이는 것도, 렌즈가 여러 가지 상을 맺는 것도 '빛의 굴절'이라는 성질 때문이다.

• 지름길로 가는 빛

물이나 유리 속에서는 공기 중만큼 빛이 빠르게 달릴 수 없다. 따라서 빛이 조금이라도 빨리 목적지로 가려고 지름길 방향으로 꺾이는 원리를 빛의 굴절이라고 생각하면 된다.

그림 11 빛의 굴절

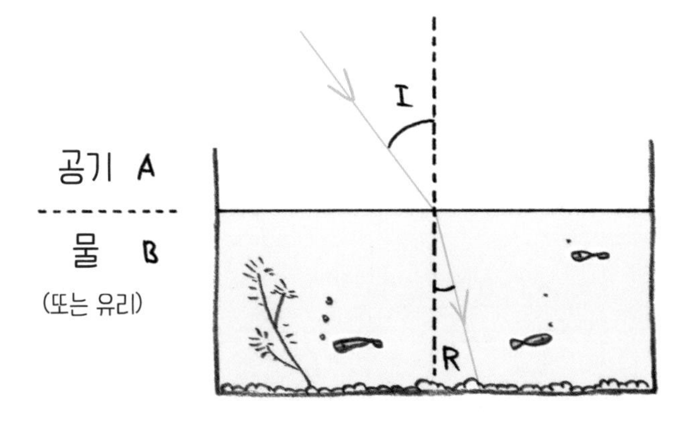

그림 11의 각 I를 '입사각', 각 R을 '굴절각'이라고 말한다.

- A가 공기, B가 물(또는 유리)일 때 I > R
- A가 물(또는 유리), B가 공기일 때 I < R

입사각보다 굴절각이 클 때, 입사각이 일정 각도(임계각)가 되면 굴절각이 90°가 되고, 입사각이 그보다 더 커져서 굴절각이 90°를 넘으면 굴절하는 빛이 없어져 모두 반사되어버린다. 이 현상을 '전반사'라고 말한다. 전반사는 빛의 속력이 느린 물질(물, 유리 등)에서 빛의 속력이 빠른 물질(공기)로 빛이 나아갈 때 생긴다.

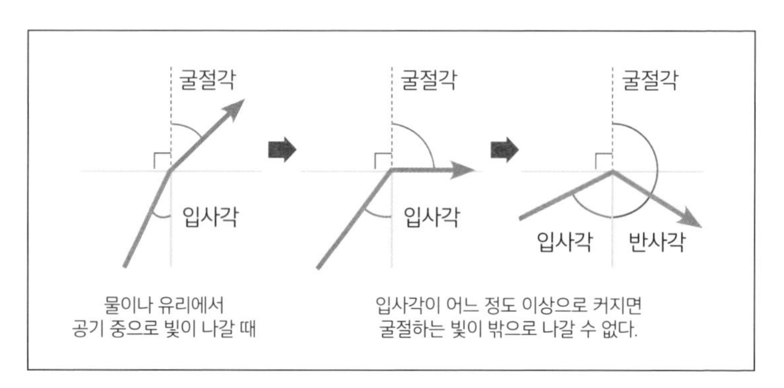

◎ 물속에 잠수해서 하늘을 보면 ◎

잠수해서 위를 바라보면 하늘이 둥글게 보인다. 입사하는 빛이 물과의 경계면에서 굴절하여 물속의 관찰자의 눈에 도달하기 때문이다. 물속에 사는 물고기는 항상 이렇게 동그란 하늘을 본다.

그림 12 물속에서 본 하늘 풍경

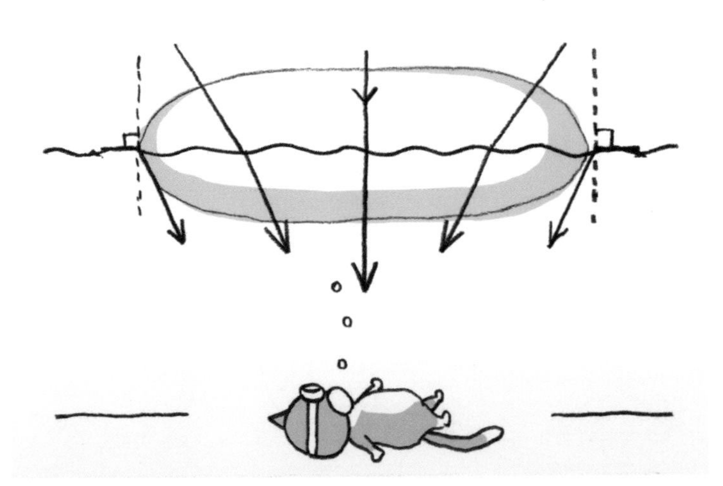

◎ 전반사를 이용한 광섬유 ◎

위내시경 카메라에 사용되는 유리 섬유 내시경은 가느다란 유리 섬유를 수만 가닥 묶어서 만드는데, 이 유리 섬유 속에서 빛이 전달된다. 이와 비슷한 원리로 이루어진 것이 광섬유다.

광통신은 광섬유를 통해 광신호를 전달하는 통신 방법이다. 스마트폰으로 친구들과 영상이나 셀카를 주고받거나 실시간으로 화상 수업을 할 수 있는 것은 모두 광통신 덕분이다. 광섬유는 투명도가 높은 석영이나 유리, 플라스틱 등으로 이루어져 있는데, 한쪽 끝에서 입사된 빛이 벽면에 닿아 전반사하고, 또 섬유 내로 돌아가 다시 전반사하는 과정을 반복하며 나아간다.

그림 13 광섬유의 구조

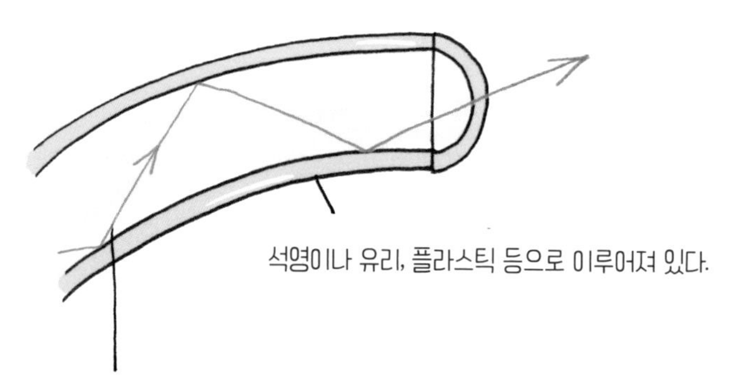

낮 동안은 파장이 짧아 산란이 잘 일어나는 보라에서 파랑까지의 색이 산란해. 하지만 저녁이 되어 빛이 대기를 통과하는 거리가 멀어지면 파장이 짧은 빛들은 대기에 도달하지 못해서 파장이 긴 빨간색만 보이는 거지.

·5· 렌즈는 빛의 굴절을 이용한 것

프리즘(유리 등의 투명체로 된 삼각기둥)을 통해서 앞에 놓인 연필을 들여다보면 연필이 어떻게 보일까? 그림을 그리며 생각해보자. 그림 14와 같이 프리즘을 들여다보면 실물이 있는 장소보다 위쪽에 연필이 보인다.

● 렌즈는 프리즘을 조합한 물체

볼록 렌즈는 그림 15와 같이 프리즘과 유리판을 조합한 것으로 볼 수 있다. 볼록 렌즈에 평행한 빛을 쏘면 렌즈를 통과한 빛은 한곳으로 모인다. 이때 모인 지점을 '초점'이라고 한다. 볼록 렌즈의 중심에서 초점까지의 거리를 '초점거리'라고 한다(그림 16).

그림 14 프리즘의 구조

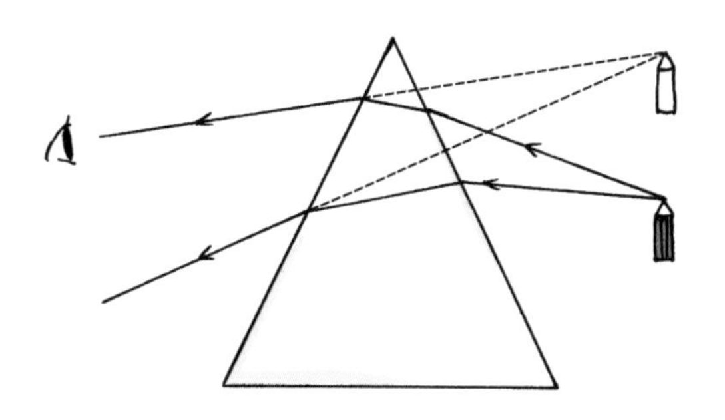

그림 15 프리즘과 볼록 렌즈

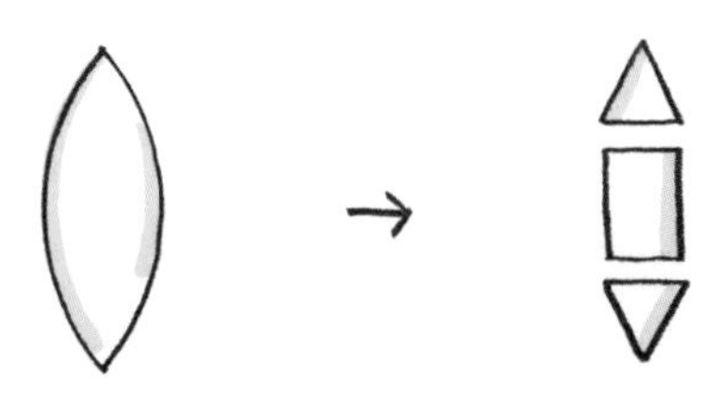

볼록 렌즈는 프리즘과 유리판을 조합한 물체라고 볼 수 있다.

그림 16 볼록 렌즈와 초점

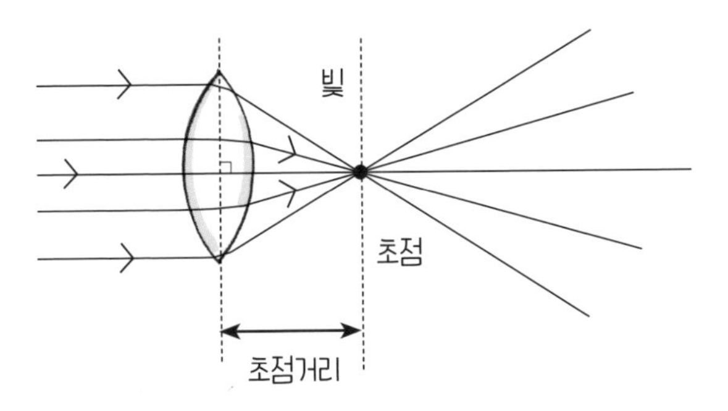

·6· 왜 안경을 쓰면 더 잘 보일까?

볼록 렌즈의 상을 손으로 직접 그려보자(그림 17). 볼록 렌즈의 상은 그림을 그려서 생각하는 것이 가장 이해하기 쉽기 때문이다. 하지만 모든 광선을 하나하나 그릴 수는 없으므로 대표적인 선만 골라서 그려보자. 그림을 그릴 때는 특히 다음의 세 가지 성질을 반영하여 그린다.

① 렌즈의 중심을 지나는 빛은 직진한다
② 렌즈의 축에 평행하게 입사한 빛은 굴절 후 초점을 지난다.
③ 렌즈의 초점을 지나는 빛은 굴절 후 축에 평행하게 나아간다.

그림 17 볼록 렌즈의 상 그려보기

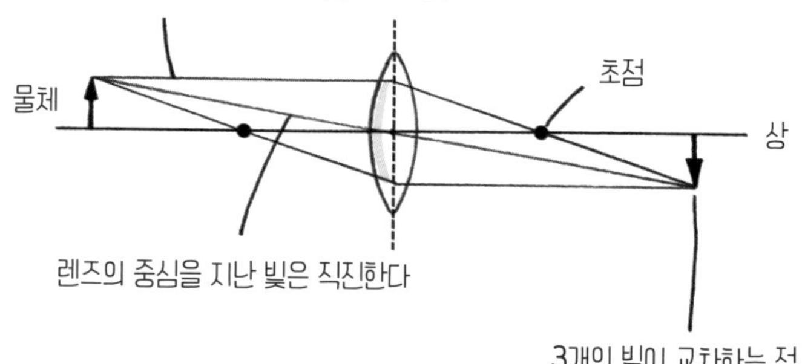

문제 앞의 그림에서, 물체를 초점과 가깝게 하면 처음과 비교해 상의 위치는 어떻게 변할까? 상의 크기는 어떻게 변할까? 그림을 그리며 생각해보자.

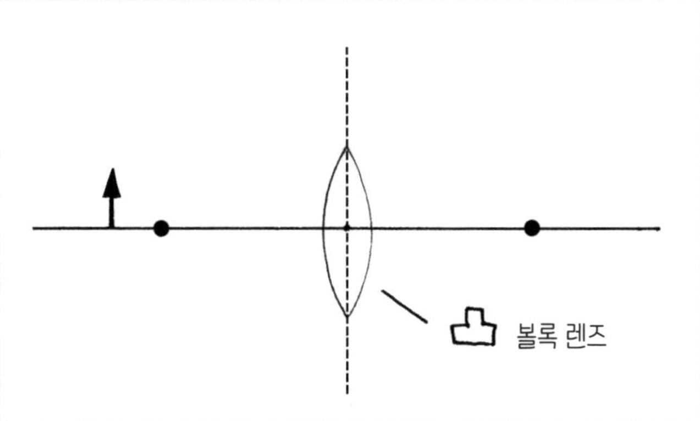

볼록 렌즈

정답 상의 위치: 렌즈에서 멀어진다
상의 크기: 커진다

● 초점을 통과한 빛이 만드는 상

이렇듯 물체에서 나와 볼록 렌즈를 통과한 빛은 모여서 상을 만든다. 상이 생기는 장소에 스크린을 놓으면 스크린에 상이 비치게 되는데, 이 상을 '실상'이라고 한다.

그렇다면 물체를 볼록 렌즈와 더욱 가깝게 해 초점을 넘어버리면 어떻게 될까? (그림 18)

그림 18 초점보다 물체가 더 가까우면?

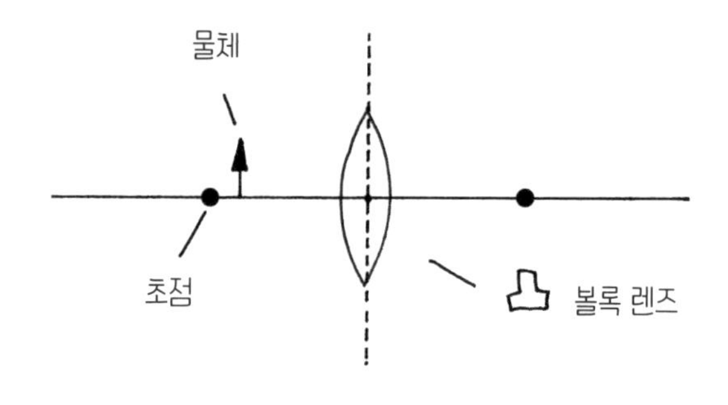

● 돋보기는 어떻게 만들어질까?

그림을 그려 생각해보자. 아쉽게도 볼록 렌즈를 지나쳐버린 빛은 상이 맺히지 않는다. 하지만 여기서 선 a와 선 b를 늘려보면 물체 뒤에서 선이 교차한다(그림 19). 이때 물체의 반대쪽에서 볼록 렌즈를 통해 물체를 보면 커다란 상이 보인다. 하지만 실제로 빛이 모여 있는 것이 아니므로 스크린에는 비출 수 없다. 이 상을 '허상'이라고 한다. 돋보기는 볼록 렌즈의 허상을 이용한 물건이다.

그림 19 허상은 돋보기의 원리

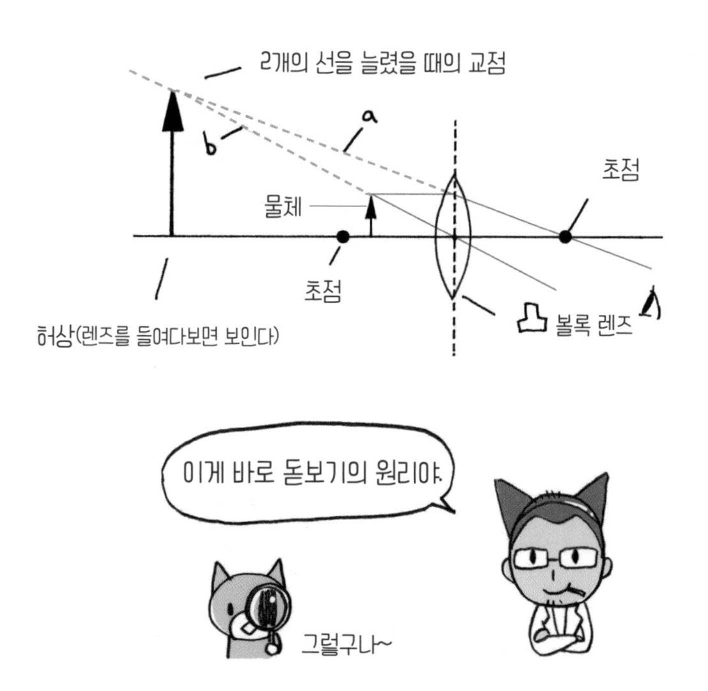

◎ 볼록 렌즈로 종이를 태울 때 ◎

볼록 렌즈로 종이를 태워본 적이 있는가? 이때 종이 위에 빛이 모이는 점이 생기는데, 이것이 태양의 실상이다. 그래서 동그란 모양의 점이 된다. 따라서 볼록 렌즈로 형광등 빛을 모으면 동그란 형태의 점이 되지 않고, 형광등 모양으로 모이게 된다.

한편 볼록 렌즈 형태를 한 물건이라면 무엇이든 햇빛을 모을 수 있다. 그래서 창문에 놓인 병이나 어항 주변에서, 또는 차에 놓인 재떨이 등에서 불이 나기도 한다.

그림 20 형광등 빛을 모아보자

● 오목 렌즈는 발산하는 렌즈

볼록 렌즈는 빛을 모으기 때문에 수렴 렌즈다. 그에 반해 오목 렌즈는 발산 렌즈다. 볼록 렌즈는 중앙에 두꺼운 프리즘을 조합한 것(그림 15)이지만, 오목 렌즈는 반대로 가장자리에 두꺼운 프리즘을 조합한 것이다(그림 21).

그림 21 프리즘과 오목 렌즈

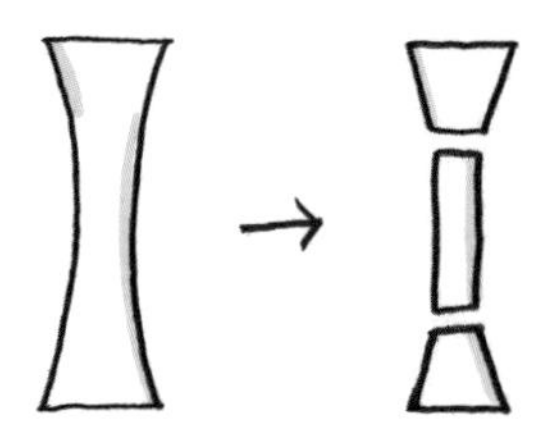

오목 렌즈는, 가장자리에 빛이 퍼지는 프리즘을 조합한 물체라고 볼 수 있다.

• 근시 · 원시와 안경

눈은 수정체(렌즈)를 조절해서 초점을 맞춘다(그림 22). 근시의 경우, 수정체에서 조절해도 먼 곳에 있는 물체의 상이 망막 앞쪽에 생긴다. 이 때문에 근시인 사람은 먼 곳의 물체를 또렷하게 볼 수 없다(그림 23). 반대로 원시의 경우, 가까운 곳에 있는 물체의 상이 망막 뒤쪽에 맺힌다. 이 때문에 원시인 사람은 가까운 곳에 있는 물체를 또렷하게 볼 수 없다. 그래서 근시인 사람이나 원시인 사람은 안경을 통해 상이 맺히는 위치를 바로잡는다(그림 23).

그림 22 보통 눈

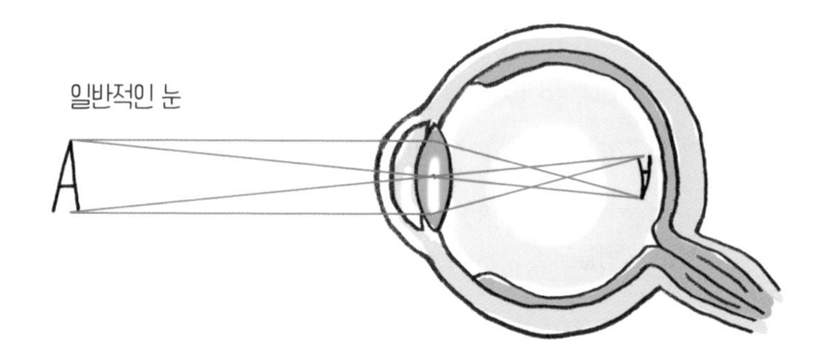

그림 23 근시와 원시

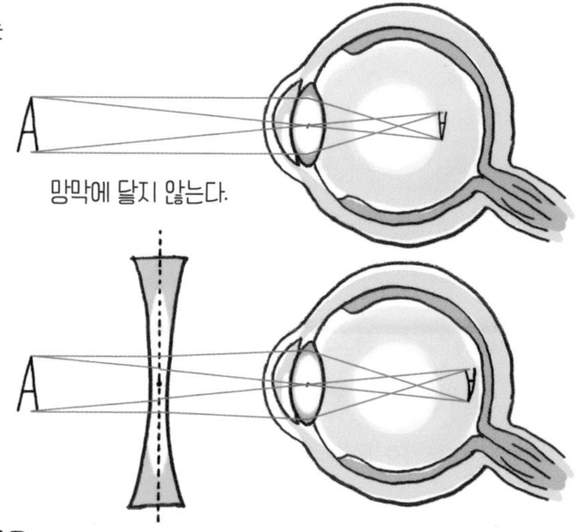

오목 렌즈를 통해서 볼 수 있게 된다.

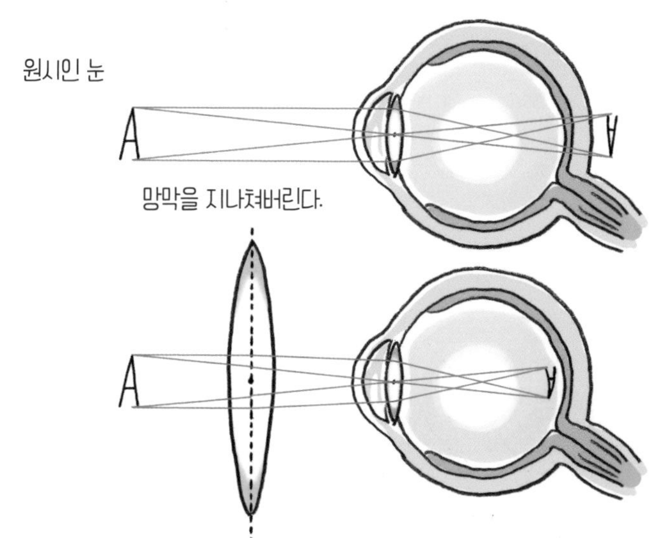

볼록 렌즈를 통해서 볼 수 있게 된다.

· 7 · 눈에 보이지 않는 빛이 있다고?

프리즘에 햇빛을 통과시켜보면 빛이 프리즘에서 나뉘어 연속된 색의 띠가 나타난다(그림 24). 빨강, 주황, 노랑, 초록, 파랑, 남색, 보라까지 이어지는 빛깔을 볼 수 있는데, 이 빛이 우리가 눈으로 볼 수 있는 가시광선이다.

비 온 뒤 하늘에 무지개가 생기는 경우가 있는데, 이것은 공기 중에 떠다니는 수많은 물방울 하나하나가 프리즘 역할을 해서 가시광선을 빨간색에서 보라색까지 나누기 때문이다.

• 자외선과 적외선

지금으로부터 200여 년 전에 프리즘으로 나뉜 빛의 띠인 빨간색과 보라색 바깥쪽에, 눈으로 볼 수 없는 적외선과 자외선이 발견되었다.

그림 24 프리즘을 통한 빛의 분해

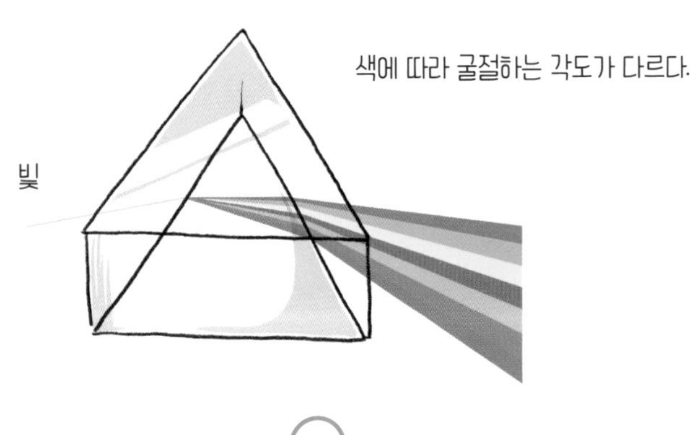

그림 25 빛의 친구

성질을 알아보니 이들은 모두 '빛의 친구'라는 사실을 알 수 있었다. 적외선은 사물을 따뜻하게 하는 성질이 있어서 '열선'이라고도 불린다. 사실은 우리 주변에 있는 모든 것이 많든 적든 적외선을 뿜어내고 있다.

● 강한 힘을 지닌 자외선

자외선에는 물질을 변화시키는 성질(화학 작용)이 있다. 세균을 죽이거나 살갗을 태우기도 한다. 이불을 햇볕 아래 너는 이유는 자외선의 살균 · 건조 효과로 세균을 죽이기 위해서다.

자외선을 파장의 차이로 세세하게 나누면 A파, B파, C파가 있다. 이 중에서 파장이 짧은 C파는 상공에서 흡수되어 땅에 닿지 않는다. 다음으로 파장이 짧은 B파는 보통 상공의 오존층에 흡수된다. B파는 A파보다 훨씬 화학 작용이 강해서 인간 등 생물의 몸에 나쁜 영향을 미친다. 오존층이 파괴되어 구멍이 나면 B파가 땅에 도달한다. 따라서 오존층 파괴를 막기 위해 환경 보호에 더 힘써야 한다.

● 가시광선은 빛의 친구 중 아주 일부

적외선, 자외선 너머에도 빛의 친구가 있다(그림 25). 인간의 눈에 보이는 가시광선은 광대한 빛의 친구 중 아주 일부다.

·8· 왔다 갔다 진동하는 물체

실이나 끈에 추를 매달아 고정점을 중심으로 흔들리게 한 물체를 '진자'라고 한다. 진자의 길이는 실의 길이가 아니라, 고정점에서 추의 중심까지의 거리다. 길이 25cm의 진자를 흔들어보자. 추를 들었다가 놓으면 진자는 왔다 갔다 움직인다. 진자의 운동과 같이 주기적인 운동을 '진동'이라고 한다. 진동은 흔들리는 움직임이다. 예를 들면, 용수철에 매단 추를 손으로 잡고 밑으로 끌어당겼다가 놓으면 추는 진동한다. 지진 또한 지면의 진동이다.

한편 진동하는 물체가 진동의 중심으로부터 움직인 최대 거리를 '진동의 진폭'이라고 한다. 그림 26에 나타난 진자에서 진동의 진폭은 OA 또는 OB로, 길이가 서로 같다.

그림 26 진자의 운동

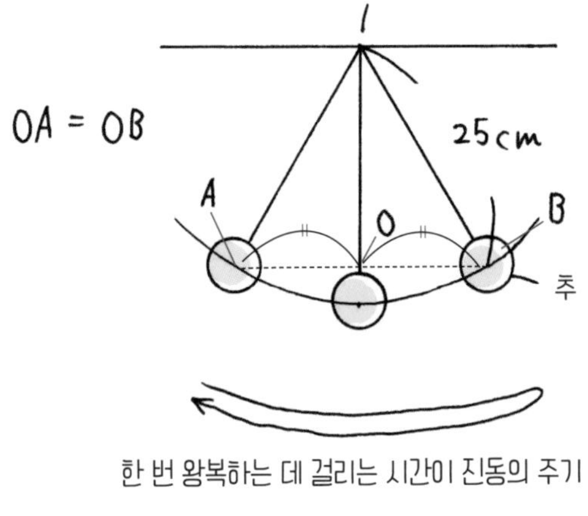

추가 출발한 위치에서 반대편으로 갔다가 다시 원위치로 돌아오는, 즉 1회 왕복한 시간을 '진동의 주기'라고 부른다. 왕복 한 번의 시간(주기)은 추가 왕복하는 데 걸린 전체 시간을 왕복 횟수로 나누면 구할 수 있다. 10초 동안 10번 왕복했다면 한 번 왕복하는 데 걸리는 시간(주기)은 1초가 된다.

● 진자의 기묘한 성질, 등시성

그렇다면 같은 진자(길이가 같음)에서 흔들리는 폭을 크게 하거나 작게 하면 주기는 어떻게 될까? 또한 진자의 길이가 같을 때, 추를 무겁게 하거나 가볍게 하면 주기는 어떻게 될까?

실제로 실험해보면 진자가 한 번 왕복하는 데 걸리는 시간은 흔들리는 폭이나 추의 무게에 상관없이 진자의 길이에 따라 정해진다. 이것을 **'진자의 등시성'**이라고 한다. 추시계는 이 진자의 등시성을 이용해 째깍째깍 움직인다. 1초 동안 왕복하는 횟수를 '진동수'라고 한다. 1초 동안 1회 왕복했을 때 진동수를 '1Hz(헤르츠)'라고 한다.

·9· 소리의 정체는 바로 진동

물체의 진동수가 20~2만Hz, 다시 말해 1초 동안 20에서 2만 번 왕복하는 떨림이라면 우리 귀에 소리로 들리게 된다. 또, 우리가 들을 수 있는 가장 낮은 소리와 높은 소리는 사람에 따라서, 나이에 따라서 조금씩 차이가 있다. 그리고 20Hz보다 작거나 2만Hz보다 큰 진동수의 소리는 아무리 진폭이 커도 소리로는 들리지 않는다.

모기는 1초에 500번 날갯짓을 한다. 즉 모기 날개의 진동수는 500Hz다. 모기가 다가오면 '윙~' 하고 소리가 들리는 이유는 그 진동수가 사람이 소리를 느끼는 범위 내이기 때문이다.

그림 27 소리는 공기가 진동하며 전달된다

종소리(진동)가 공기 중에 전달되어 들린다.

● 물체의 진동이 소리가 된다

물체가 진동하면 물체의 주변에 있는 공기도 진동한다. 이 진동이 귀의 고막을 진동시키면 소리를 들을 수 있게 된다(그림 27).

예를 들어 북을 '둥~' 하고 치면 주변도 진동한다. 이것은 북의 진동이 공기를 진동시키고, 공기의 진동이 다시 주변을 진동시키기 때문이다. 우리 귓속의 고막도 공기의 진동에 맞춰 진동한다. 이 진동 신호는 신경을 통해 대뇌로 전달되어 소리로 느끼게 된다.

따라서 진공 상태에서는 북을 쳐도 진동을 전할 공기가 없으므로 주변에 그 진동은 전해지지 않는다. 진동을 전하는 것은 공기뿐만이 아니다. 실, 물, 철로 된 물체 등 모든 물건은 진동을 전달한다. 전해진 진동을 우리 귀가 받아들여 소리로 느끼는 것이다.

● 소리의 크기·높이와 진동의 관계

소리의 크기나 높이는 진동과 관련이 있다. 기타 줄을 세게 퉁기면 소리가 커진다. 이때 줄이 떨리는 폭은 커진다. 소리의 크기는 소리를 내는 물체가 진동하는 진폭이 클수록 커진다. 이번에는 기타 줄을 짧게 하고 퉁겨보자. 그러면 높은 소리가 나게 된다. 줄을 짧게 하면 진동수가 커지기 때문이다. 소리는 소리를 내는 물체의 진동수가 클수록 높아진다.

◎ 벌과 모기의 진동수 ◎

벌은 1초 동안 약 200번 날갯짓을 하므로 그 소리는 약 200Hz다. 모기는 앞에서 보았듯이 1초 동안 약 500번 날갯짓을 하므로 그 소리는 약 500Hz다. 그러므로 모기가 더 높은 소리를 낸다.

특히 2만Hz보다 높아서 귀에 들리지 않는 소리를 '초음파'라고 하는데, 여러 곳에 응용할 수 있다. 예를 들면, 물속에 초음파를 쏘아 그 반사파를 이용하여 해저의 깊이를 재거나 물고기 떼를 찾아낼 수 있다. 또 엄마의 배 속에 있는 아기도 볼 수 있다.

그림 28 모기와 벌의 날갯소리

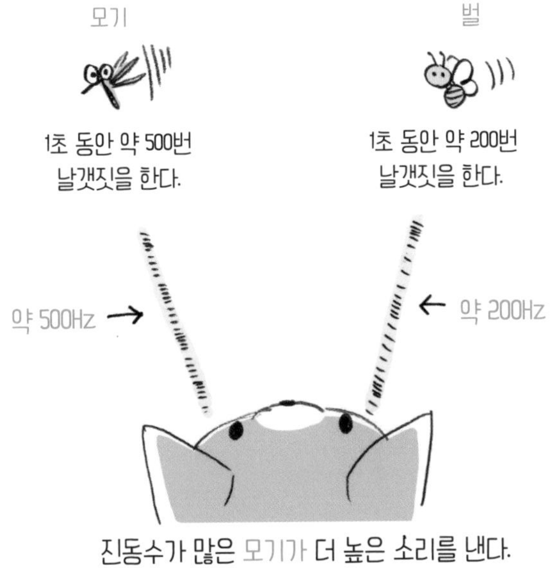

모기

1초 동안 약 500번
날갯짓을 한다.

벌

1초 동안 약 200번
날갯짓을 한다.

약 500Hz

약 200Hz

진동수가 많은 모기가 더 높은 소리를 낸다.

· 10 · 고체·액체·기체 모두 소리를 전달해

우리 귀에 들어오는 대부분의 소리는 공기를 통해서 전해진다. 공기가 없는 진공 상태에서 빛은 앞으로 나아가지만, 소리는 전해지지 않는다. 따라서 공기가 없는 우주 공간은 소리가 없는 세계다.

소리가 공기 중에 전달되는 속력은 1초당 약 340m(1시간에 약 1,200km)다. 따뜻한 공기에서는 조금 더 빨라지고, 차가운 공기에서는 조금 더 느려진다. 초음속기는 이보다 빠른 속력을 내는 항공기다.

소리는 고체 속에서도, 액체 속에서도 전해진다. 물은 공기보다도 4배, 강철은 15배 빠르게 소리를 전달한다.

◎ 녹음해서 듣는 내 목소리는 이상하다? ◎

녹음한 내 목소리를 처음 들으면 기분이 이상하지 않은가? 분명 내가 한 말인데, 내 목소리가 아닌 것처럼 느껴진다. 하지만 다른 사람은 "네 목소리 맞아"라고 한다.

보통 자신이 말하고 듣는 목소리는 입에서 나온 소리가 바깥 공기를 타고 전해져 귀에 들어온 것만이 아니다. 입, 코, 턱 등 여러 뼈나 조직을 타고 전해지는 소리도 함께 청각 신경에 도달한다. 이렇게 여러 가지 고체, 액체를 통해 전달된 소리는 공기로 전달되는 소리와 속력이 흡수 방식 등이 다르므로 느낌이 달라진다. 그래서 평소에 내가 듣는 내 목소리와 녹음해서 듣는 내 목소리가 다르게 느껴지는 것이다.

그림 29 이게 내 목소리라고?

보통 자신이 듣는 목소리에는
뼈나 조직 등을 타고 전해져온 소리도
합쳐져 있어서 그래.

◎ 천둥과 번개 ◎

천둥과 번개는 동시에 발생한다. 그러나 우리에겐 번쩍하고 번개가 친 후에 천둥소리가 들린다. 소리의 속력이 빛보다 훨씬 느리기 때문이다. 빛의 속력은 매초 약 30만km이지만 소리의 속력은 매초 약 340m다. 번개가 친 후에 천둥소리가 들리기까지의 시간을 잰 후, 그 시간에 340m를 곱하면 내 위치에서부터 천둥과 번개가 친 곳까지의 거리를 구할 수 있다.

그림 30 천둥과 번개와 소리의 관계

빛은 앞으로 뻗어 나가지!
쭉쭉~~~~~
반짝
반짝

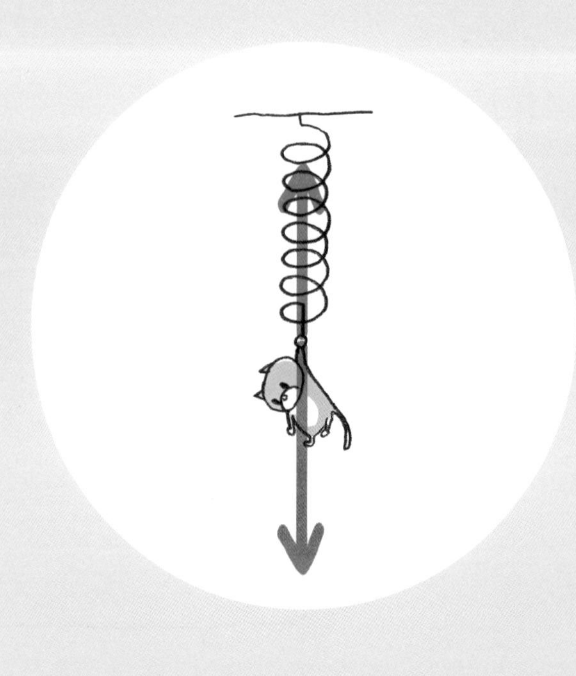

제2장

하늘 높이 던진 공은 왜 땅으로 떨어질까?

이 장에서는 '물체는 일정 범위 안에서 탄성을 가진다'는 사실을 바탕으로 힘의 기본을 배워보자. 또 '압력'은 힘과 관계가 있지만 힘의 일종은 아니라는 사실에 대해서도 알아보자. '어떤 것이든 힘을 받으면 형태가 변한다'라는 사실과 '소리는 물체의 진동'이라는 사실을 조합하면, 두드렸을 때 소리가 나는 것은 형태가 변한다는 점을 알 수 있다.

·1· 힘이란 무엇일까?

멈춰 있던 물체가 스스로 움직이기 시작하는 일은 없다. 물체를 밀거나 당겨야 움직이기 시작한다. 이를 가리켜 '물체가 힘을 받았다'라고 표현한다. 힘은 '작용하다', '가하다', '받는다' 등 상황에 따라 여러 가지 표현을 사용할 수 있다.

● 물체가 힘을 받는 두 가지 경우

'힘을 받는 물체'가 있다면 반드시 '힘을 주는 물체'가 있기 마련이다. 힘은 반드시 물체와 물체 사이에 작용한다. 물체가 하나의 힘을 받을 때란, 아래의 두 가지 경우를 말한다.

① 물체의 형태가 변했다

② 물체의 움직임이 변했다(멈춰 있던 물체가 움직이기 시작했다, 움직이던 물체가 멈췄다, 즉 운동의 속력이나 방향이 변했다)

멈춰 있던 물체가 움직이기 시작하는 경우는 하나의 힘을 받을 때뿐만 아니라(그림 1의 A), 서로 반대 방향으로 두 가지 힘을 받을 때도 있다. 이 경우, 물체가 움직인 방향으로 받은 힘의 크기가 더 크다고 볼 수 있다(그림 1의 B).

그림 1 반대 방향으로 힘을 받았을 때

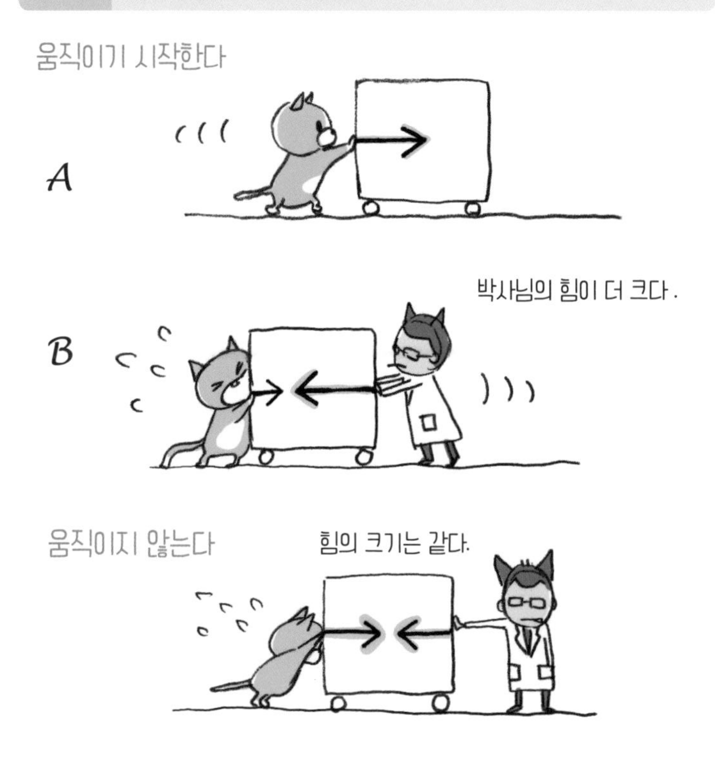

멈춰 있던 물체가 움직이지 않고 계속 멈춰 있는 경우는, 외부에서 힘을 받지 않거나 서로 반대 방향으로 같은 크기의 힘을 받을 때다.

● 물체가 떨어져 있어도 작용하는 힘

힘은 원칙적으로 물체가 서로 닿아 있을 때 작용한다. 닿아 있는 다른 물체로부터 힘을 받는 것이다. 그런데 떨어져 있어도 작용하는 힘이 있다. 지구의 중력과 자석의 힘, 전기의 힘이 그 예다.

◎ 물체의 변형과 탄성 ◎

물체는 외부로부터(다른 물체로부터) 힘을 받으면 형태가 변하고, 외부의 힘을 없애면 원래 상태로 다시 돌아가는 성질이 있다. 이 성질을 '탄성'이라고 한다. 탄성은 용수철을 떠올리면 가장 이해하기 쉽다. 잡아당기면 늘어나고 다시 놓으면 원래대로 돌아간다.

학생들에게 '탄성이 없을 것 같은 물건은 뭘까?' 하고 물었을 때 가장 많이 돌아온 대답이 유리 막대와 철봉이었다. 책상도 탄성이 없을 것 같다고 말했다. 이에 대해 알아보기 위해 유리 막대를 수평으로 달아놓고 가운데에 추를 하나씩 매달아나갔다. 유리 막대는 휘기 시작했다. 추를 떼어내면 다시 원래대로 돌아갔다. 즉, 유리 막대에도 탄성이 있다. 하지만 추가 일정한 양을 넘으면 결국에는 '쨍그랑!' 하고 깨져버렸다. 마찬가지로 철봉이나 책상에도 탄성이 있

그림 2 철봉에도 탄성이 있다

다. 모든 고체는 탄성을 가지고 있다.

고체에서는 원자나 분자가 약간의 여유(원자는 진동한다)를 가지고 배열되어 있다. 힘을 받으면 그 간격이 조금씩 좁혀지고, 힘을 받지 않으면 다시 원래 상태로 돌아간다. 마치 강한 용수철로 이어져 있는 상태와 비슷하다.

책상을 가볍게 두드리면 소리가 난다. 앞서 배웠듯이 고체는 진동하지 않으면 소리를 낼 수 없다. 고체가 진동하기 위해서는 변형해도 원래대로 돌아가는 탄성을 가지고 있어야 한다. 언뜻 형태가 변하지 않는 것처럼 보이는 고체라도 두드려서 소리가 난다면 탄성을 지니고 있는 것이다.

지금부터 책상, 천장, 추 등이 등장하는데, 이것도 모두 용수철의 성질을 지니고 있다는 사실을 꼭 기억하기 바란다.

그림 3 소리가 난다는 건 탄성이 있다는 뜻

소리가 난다 = 진동하고 있다

형태가 변해도
원래대로 돌아오는
탄성을 가지고 있으니까
소리를 낼 수 있다.

·2· 우리 모두는 서로를 끌어당기고 있어

지구상에서 살아가는 우리는 지구의 중력에서 벗어날 수 없다. 뛰어오르면 반드시 땅으로 떨어진다. 물체를 손에서 놓아도 반드시 아래로 떨어진다.

이것은 지구상의 물체가 지구의 중심 방향으로 당겨지기 때문이다(그림 4). 이 때문에 지구 반대편에 있는 사람도 지구에서 떨어지는 일이 없다. 이러한 힘을 '중력'이라고 부른다. 중력은 만유인력의 일종이다. 만유인력이란 질량을 가진 물체끼리 서로 끌어당기는 힘이다. 즉 모든 물체 사이에 작용하는 힘이다. 만유인력의 크기는 두 물체의 질량의 곱에 비례하고 거리의 제곱에 반비례한다.

그림 4 중력이란?

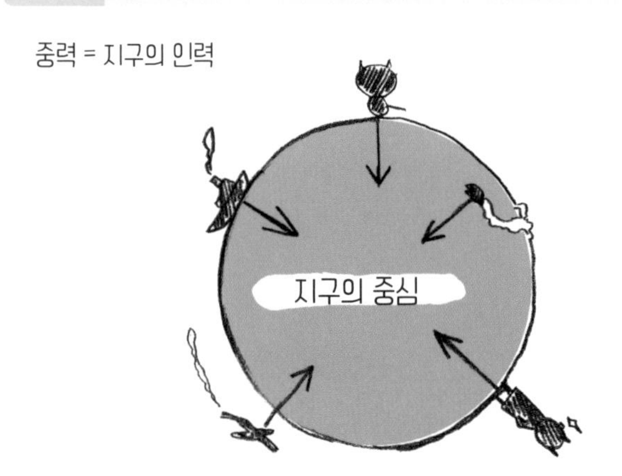

지구상의 물체는 지구의 중심 방향으로 끌어당겨지고 있다.

만유인력 법칙에 따라 사람들 사이에서도 서로 끌어당기는 힘이 작용하고 있는데, 인체는 질량이 작아서 그 힘의 크기가 무시할 수 있는 정도다. 하지만 지구나 달 정도가 되면 무시할 수 없는 크기가 된다. 그래서 우리는 계속 지구의 중심 방향으로 당겨지는 중이다. 달의 중력은 지구의 약 6분의 1이다.

● 중력의 크기

지구상에서 질량이 1g인 물체에 작용하는 중력의 크기는 1gf(그램중)다. 1kg인 물체에는 1kgf(킬로그램중)의 중력이 작용한다. kgf이나 gf는 힘의 단위다. 하지만 국제적인 힘의 기준으로 N(뉴턴)이 쓰인다. 1N=약 0.1kgf다. 더 정확히 말하자면 1kgf는 9.8N이다.

◎ 만유인력과 중력 ◎

모든 물체는 서로 끌어당긴다. 이렇게 물체끼리 끌어당기는 힘을 '만유인력'이라고 부른다. 만유인력은 17세기에 아이작 뉴턴(Isaac Newton)이 발견했다. 예를 들면 책상이나 의자, 책이나 노트 사이에도 인력이 작용하고 있다. 물론 여러분과 책상 사이에도 인력이 작용하고 있다. 하지만 인력이 너무 약하기에 우리가 그 힘을 느끼는 일은 없다. 인력이 너무 약한 이유는 만유인력이 질량의 크기에 비례하기 때문이다.

지구는 지구에 있는 물체보다 훨씬 큰 질량을 가지고 있다. 그래서 지구와 지구에 있는 물체가 서로를 끌어당기더라도 그 정도 힘으로는 지구가 끄떡도 하지 않는 것이다. 지구와 지구상의 물체 사이에 작용하는 만유인력 때문에 지구는 지구상의 물체를 모두 지구의 중심 방향으로 끌어당긴다. 사람도 돌도 추도 모두 같다. 그러므로 물체는 기대거나 받칠 것이 없으면 모두 아래로 떨어져 버린다.

이 힘은 지면을 기준으로, 항상 수평면에 수직인 아래 방향으로 작용한다. 한국이든 중국이든 미국이든, 어디서든 당기는 방향은 지구의 중심 방향이다. 지구의 중심 방향이 '아래'인 것이다.

이렇듯 지구가 물체를 중심으로 끌어당기는 힘을 '중력'이라고 부른다. 추를 용수철에 매달면 용수철이 아래로 늘어지는데, 이것은 지구가 추를 끌어당겼기 때문이다.

그림 5 만유인력

물체끼리 서로 당기는 힘을 만유인력이라고 한다.
연필과
야옹 군 사이
야옹 군과 나
책과 야옹 군
사이에도 있지.
하지만 안 느껴져요.
그건 약하니까 그래.
인력은 질량이 크면 클수록 크지.
달이 지구에서 벗어날 수 없는 이유는
달과 지구가 서로 끌어당기기 때문이야.
지구가 중심으로 물체를 당기는 힘을
중력이라고 불러.

● 자기력

서로 끌어당기는 다른 종류의 힘도 있다. 대표적인 것으로 자석의 힘과 전기의 힘을 들 수 있다. 이들에 대해서 간단히 살펴보자. 자석에는 N극과 S극이 있다.

서로 다른 극끼리는 끌어당긴다 → N극과 S극

서로 같은 극끼리는 밀어낸다 → N극과 N극, S극과 S극 (그림 6).

그림 6 자석의 힘

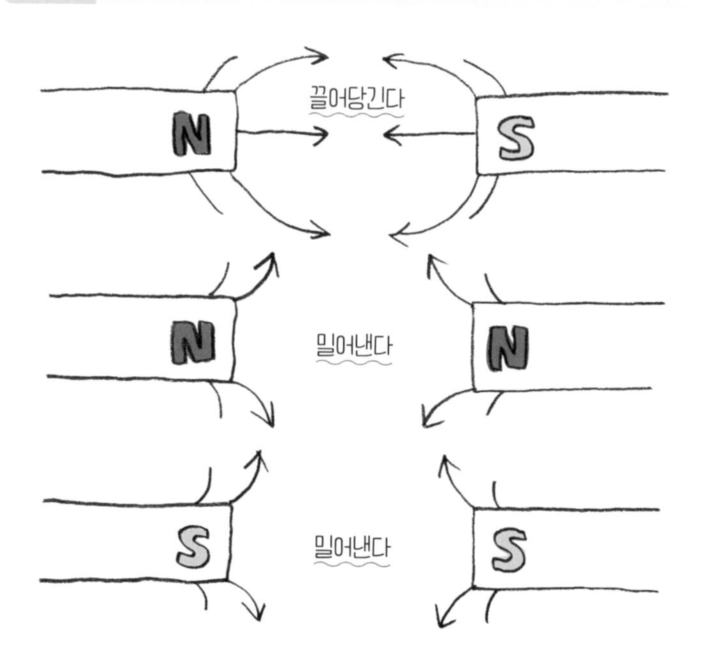

자석이 다른 극끼리일 때 서로 끌어당긴다.

• 전기력

전기에는 (+)전하와 (-)전하가 있다.

다른 종류의 전기일 때 서로 끌어당긴다

→ (+)전하와 (-)전하

같은 종류의 전기일 때 서로 밀어낸다

→ (+)전하와 (+)전하, (-)전하와 (-)전하 (그림 7).

그림 7 전기의 힘

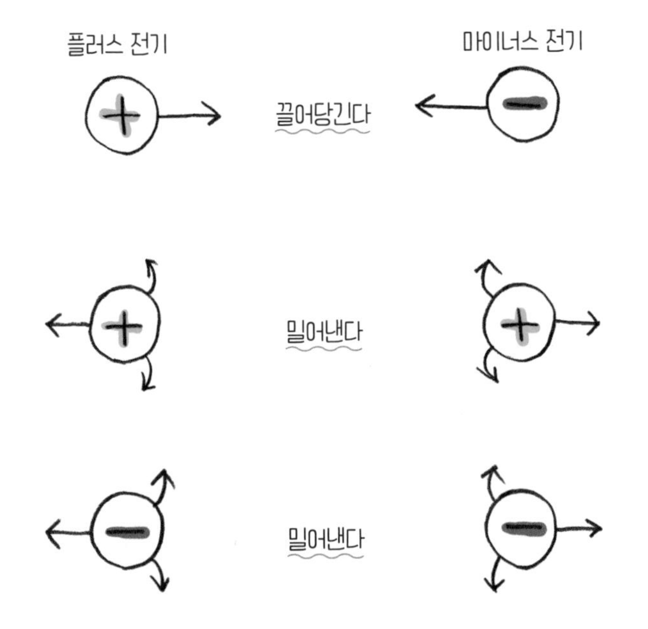

◎ 도망가는 빨대 ◎

책받침으로 머리카락을 문지르면 책받침에 머리카락이 달라붙는다. 이것은 정전기가 일어나 두 물질이 다른 종류의 전기를 띠게 되어 서로 끌어당기기 때문이다. 정전기가 발생하는 현상은 일상생활에서 자주 경험할 수 있다.

정전기를 이용해 물체가 서로 밀어내는 간단한 실험을 해보자. 그림 8과 같이 한 빨대의 가운데에 시침 핀을 찌른 빨대를 고정하고, 새로 빨대 하나를 종이 포장지에서 꺼낸 뒤 가까이 가져간다. 그러면 빨대가 도망간다. 종이 포장지를 가까이 가져가면 이번에는 빨대가 다가온다.

그림 8 도망가는 빨대

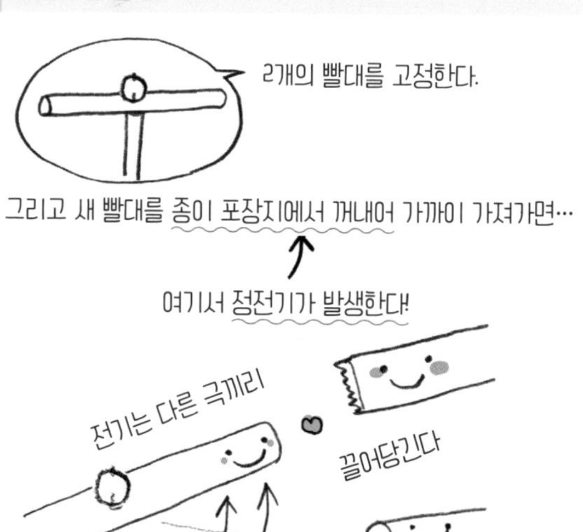

·3· 작용이 있는 곳에 반작용이 있는 법!

지금 여러분 가까이에 있는 물체(가령 책상)를 손가락으로 한번 눌러보라. 손가락이 그 물체에서 밀려나지 않고 누를 수 있는가? 아무리 가볍게 눌러도 손가락은 그 물체에서 밀려난다. 물체 사이에는 반드시 '밀면 반대로 밀어내고, 당기면 반대로 당기는' 관계가 성립한다. 이것을 '작용 · 반작용 법칙'이라고 한다 (그림 9).

그림 9 작용·반작용 법칙

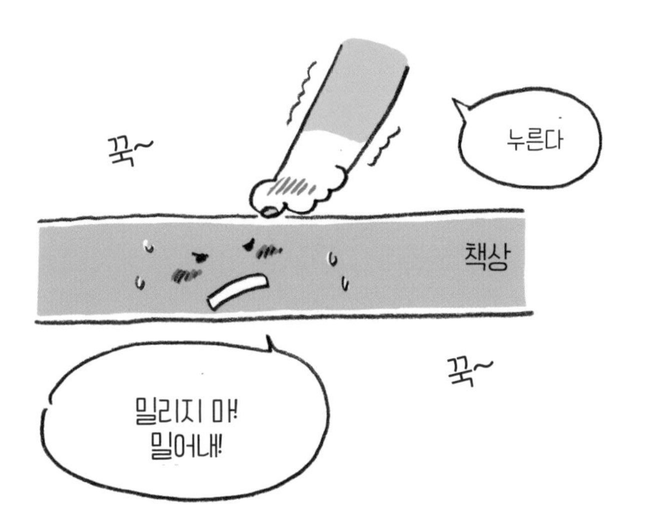

● 힘의 기본, 작용과 반작용

작용 · 반작용 법칙은 다음과 같이 정리할 수 있다.

① 물체와 물체는 서로 힘을 주고받는다. 상대 물체로부터 힘을 받지 않고 상대 물체에 일방적으로 힘을 가할 수 없다

② 작용과 반작용은 반대 방향으로 일어나며 크기가 항상 같다

'밀면 반대로 밀어낸다'는 설명에서 '미는' 작용과 '반대로 밀어내는' 작용은 동시에 일어난다. 또 그 힘은 반대 방향으로, 항상 같은 크기를 지닌다. 힘은 항상 쌍으로 작용한다.

그림 10 지구와 인간은 서로 끌어당긴다

그림 11 용수철과 추는 서로 끌어당긴다

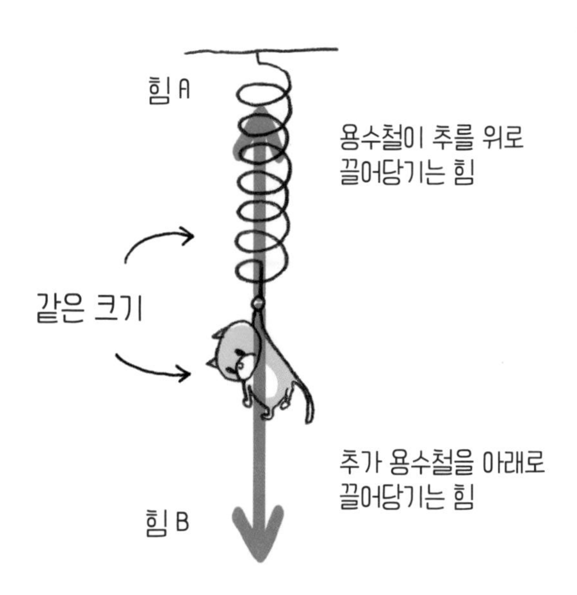

● 서로 끌어당기는 힘도 작용·반작용 법칙

지구에 있는 인간은 중력을 받는 동시에 지구를 끌어당긴다(그림 10). 질량이 60kg인 사람이라면 지구를 약 600N으로 끌어당기는데, 지구는 아주 무거워서 이러한 힘으로는 꿈쩍도 하지 않는다.

추가 용수철을 아래로 당기면 용수철도 추를 위로 당긴다(그림 11). 여기서 힘 A와 힘 B를 같은 물체가 받는 것이 아니라 힘 A는 추가, 힘 B는 용수철이 받는다.

·4· 힘의 크기는 어떻게 측정할까?

물체는 힘을 받으면 변형된다. 이때 받은 힘의 크기에 따라 변형되는 정도가 달라진다. 용수철에 추를 달아서 실험해보면 용수철이 늘어나는 정도가 당겨지는 힘의 크기에 비례한다는 것을 알 수 있다(그림 12). 또한 용수철이 늘어나는 정도를 보고 물체가 용수철로부터 받는 힘(당겨지는 힘)의 크기를 유추할 수 있다. 즉, 용수철이 늘어난 정도는 물체가 받는 힘의 척도가 된다.

그림 12 용수철이 늘어나는 정도와 힘의 관계

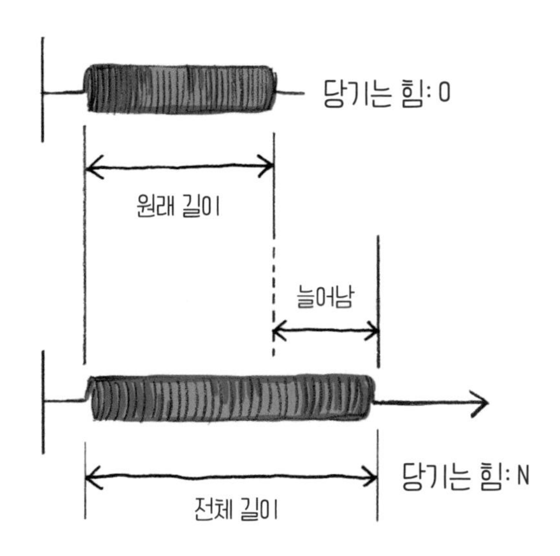

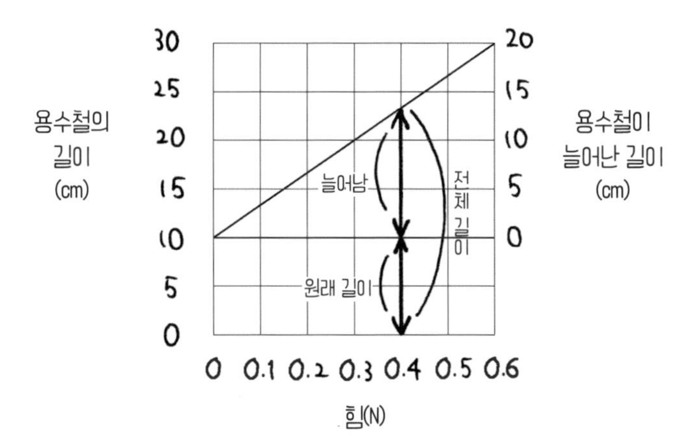

·5· 질량과 무게는 달라

우리가 살아가는 지구는 중력이 지배하는 세계다. 있는 힘껏 뛰어 올라도 다시 땅으로 돌아온다. 무언가를 집어 올렸다가도 손을 놓으면 아래로 떨어진다. 지구의 반대편에 있는 남아메리카나 남반구에 있는 호주에서도 마찬가지다.

여기서 질량과 중력의 크기를 정확히 구별해두자. 질량은 물질의 양 그 자체, 물질을 만드는 원자의 양을 말한다(그림 13). 1kg인 물체는 어디서나 1kg으로, 지구상이든 우주선 안이든 변하지 않는 양이다. 지구에서 삼각김밥 2개를 먹고 배가 부르다면, 달에서도 마찬가지로 배가 부를 것이다.

● 질량과 무게, 그리고 중력

하지만 중력은 우주선 안이나 달에서는 작아지므로, 삼각김밥 2개분의 실질적인 양, 다시 말해 질량은 변하지 않지만 그 무게는 지구에서보다 우주선 안이나 달에서 훨씬 가벼워진다.

물체가 받는 중력의 크기를 무게라고 한다. 지구에서도 지역에 따라서 조금씩 중력의 크기가 달라서(저울은 보정되어 있다) 무게는 질량처럼 불변의 양이 아니다. 하지만 지역에 따른 차이는 아주 작은 값이므로 일상생활 수준에서는 '지구 위 어디서나 중력은 같다'. 즉 지구상에서 무게는 일정한 것으로 생각해도 좋다.

그림 13 질량과 무게

질량이란 물질 그 자체의 양

무게는 물체가 받는 중력의 크기

무게는 장소에 따라 변한다.

같은 물체라 해도 지구를 떠나면 물체가 받는 중력의 크기는 전혀 다르다. 예를 들어 달 표면에서 받는 중력은 같은 물체가 지구상에서 받는 중력의 약 6분의 1에 지나지 않는다. 따라서 달에서는 무거운 우주복을 입고 있어도 가볍게 점프할 수 있다.

이에 반해 물체의 질량은 달에서나 지구에서나 변하지 않는다. 모든 물체는 원자로 이루어져 있다. 원자는 각각 정해진 질량을 지니고 있어서 물체를 이루는 원자의 양이 변하지 않는 한 질량은 변하지 않는다.

● 헷갈린다면 '무게'라는 표현 때문

같은 질량의 물체는 지구 어디서나 같은 무게를 갖기 때문에 일상생활에서는 무게와 질량을 구별할 필요가 없다. 하지만 과학을 공부할 때는 이를 잘 구분할 필요가 있다. 따라서 무게라는 애매한 표현 대신 힘의 크기를 말할 때는 '힘의 크기'라고 하고, 물질 그 자체의 양은 '질량'이라고 표현하기를 권한다.

지구상에서 질량 1kg인 물체의 무게는 대략 9.8N이다. 따라서 물체의 무게(N)는 질량(kg)을 써서 나타내면 아래와 같다.

- 물체의 무게(물체가 받는 중력의 양) = 9.8N/kg × 질량
- 질량이 0.1kg인 물체의 무게는 9.8N/kg × 0.1kg = 0.98N
- 질량이 10kg인 물체의 무게는 9.8N/kg × 10kg = 98N

...
고양이가 20kg…?
또 쪘어?

·6· 화살표로 힘을 나타내기

물체가 받는 힘을 나타내려면 다음 세 가지를 알아야 한다.

① 크기

② 방향

③ 작용점(힘을 받는 점, 힘이 작용하는 점)

이 세 가지 의미를 한 번에 표현하기 위해 화살표를 활용한다. ③의 작용점에서부터 화살표를 그리기 시작해서 그 길이를 힘의 크기로 하고, 화살표의 방향을 힘의 방향으로 나타낸다(그림 14).

그림 14 화살표로 나타내는 힘

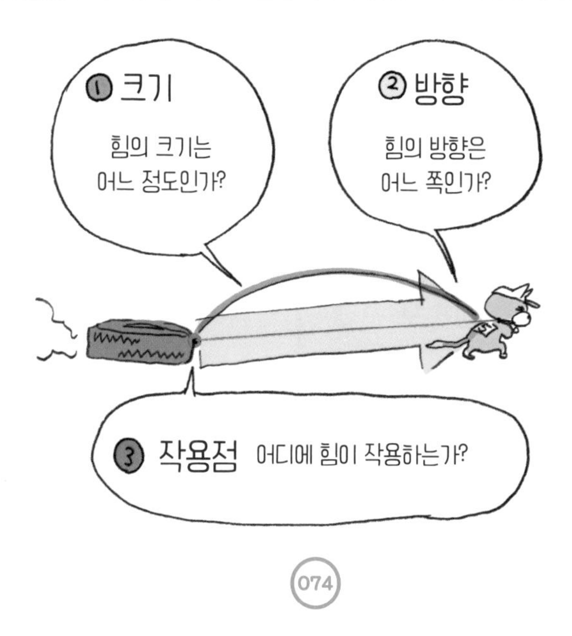

● 중력의 작용점은 어디일까?

물체끼리 서로 닿아 있을 때 작용하는 힘은 닿아 있는 위치가 작용점이다. 면으로 접해 있을 때는 대표적인 점을 작용점으로 고른다. 중력과 같이 떨어져 작용하는 힘은 물체의 중심(中心, 정확히 말하자면 질량의 중심(重心))을 작용점으로 한다(그림 15).

그림 15 중력의 작용점은 물체의 중심

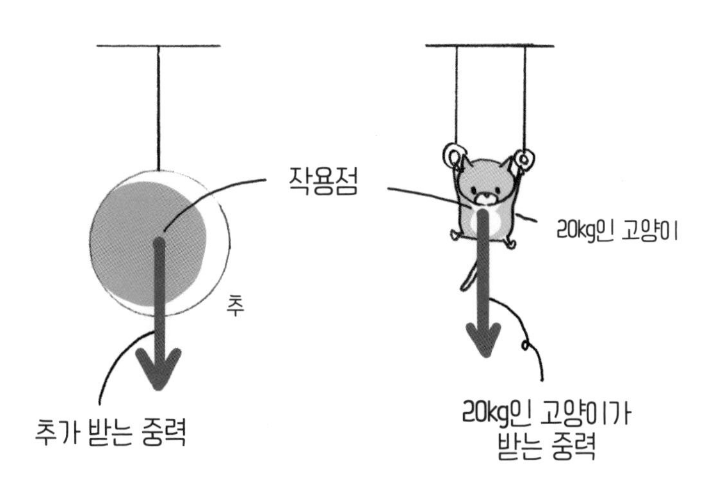

중력과 같이 떨어져 있어도 작용하는 힘은
물체의 중심(정확히는 질량의 중심)을 작용점으로 한다.

·7· 나는 지금 어떤 힘을 받고 있을까?

힘의 화살표 그리는 법을 알아도 물체가 어떤 힘을 받는지 모르면 그림으로 나타낼 수 없다. 다음 순서대로 생각해보자.

① 주목할 물체를 분명히 한다. 어느 물체를 분석할 것인지, 예를 들어 주목 대상이 용수철인지 추인지 벽인지 확실히 한다.

② 중력을 그 물체의 중심에서 아래 방향으로 그린다. 지구상에서 물체는 반드시 중력을 받는다. 단, 질량을 무시할 때는 그리지 않는다.

③ 물체에 수직으로 접하는 다른 물체로부터 밀리고 있는가? 당겨지고 있는가? 등을 생각해서 힘의 화살표를 그린다.

④ 물체가 정지해 있고 하나의 힘을 받는다는 사실이 분명하다면 반드시 또 하나의 힘이 있다. 이 힘은 알고 있는 힘과 같은 크기, 반대 방향으로 작용한다.

④는 자주 사용하는 사고방식이다. 물체가 중력을 받고 있고 정지해 있다면 반드시 중력과 같은 크기를 가진 반대 방향의 힘을 어디선가 틀림없이 받고 있다.

또 하나, 스스로 그 물체가 되어 생각해보는 것도 좋은 방법이다.

문제 끈에 매달린 추가 받는 힘을 그림으로 나타내보자. 단, 끈의 질량은 무시한다.

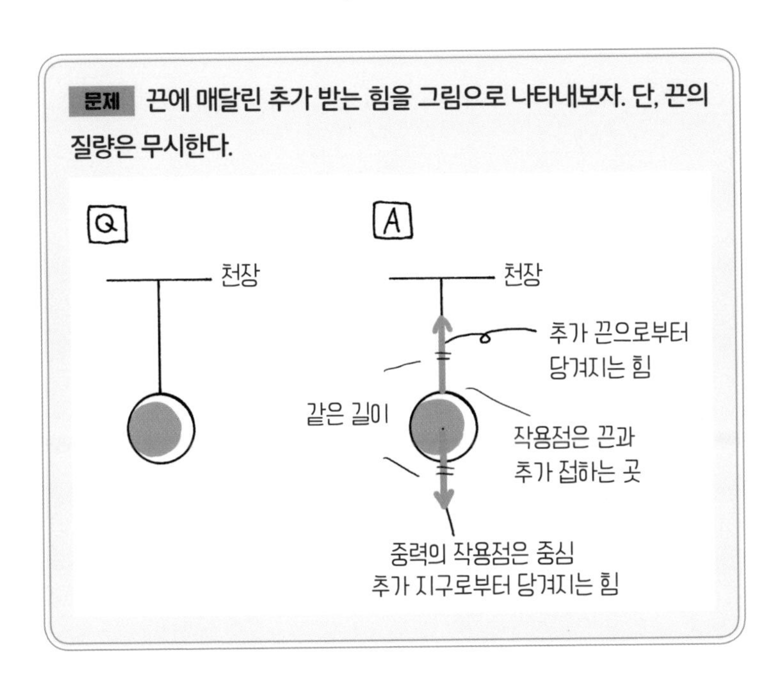

① 추에 주목!

② 추의 중심에서 중력을 아래 방향으로 그린다(몇 N이고 몇 cm인지 지시가 없을 때는 적당한 길이로 그려도 상관없다).

③ 접한 것은 끈밖에 없다. 추는 끈을 당기고 있는데(이 힘은 끈이 받는 것으로, 추가 받는 것은 아니다), 작용 · 반작용 법칙에서 끈은 추를 반대로 당기고 있다(이것은 추가 받는 힘).

④ 추가 정지해 있으므로 ②의 중력과 반대 방향으로 같은 크기의 힘을 받고 있다. 끈이 추를 반대로 당기고 있는 힘이다. 아래 방향으로 중력, 위 방향으로 끈이 당기는 힘이 작용하므로 추가 정지해 있는 것이다.

문제 **다음의 Q1, Q2의 경우에 지시한 물체가 받고 있는 힘을 그림으로 나타내보자.**

Q1. 추가 아래로 매달려 있는 끈(끈의 질량은 무시)

Q2. 책상 위의 추

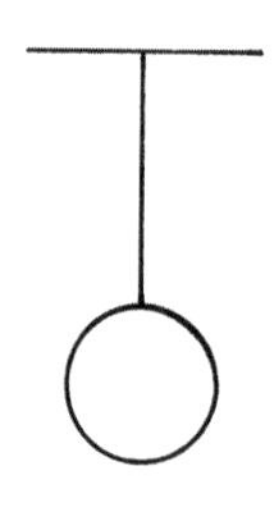

Q2 책상 위의 추

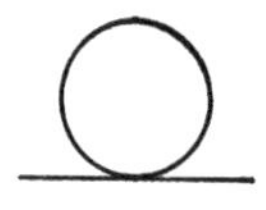

정답

A1 추가 아래로 매달려 있는 끈

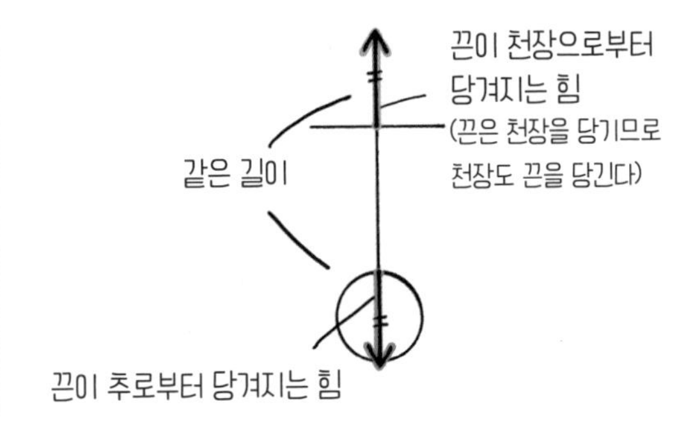

A2 책상 위의 추

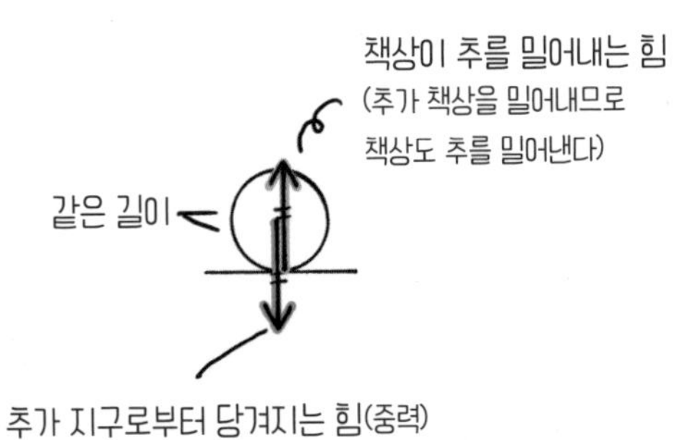

아래와 같이 용수철(질량을 무시)의 양 끝에 같은 질량의 추를 매달면 용수철이 늘어나 어느 지점에서 정지한다. 그렇다면 한쪽 끝을 벽에 고정해 추를 1개만 남기면 어떻게 될까?

용수철이 받는 힘을 그림으로 나타내 생각해보자.

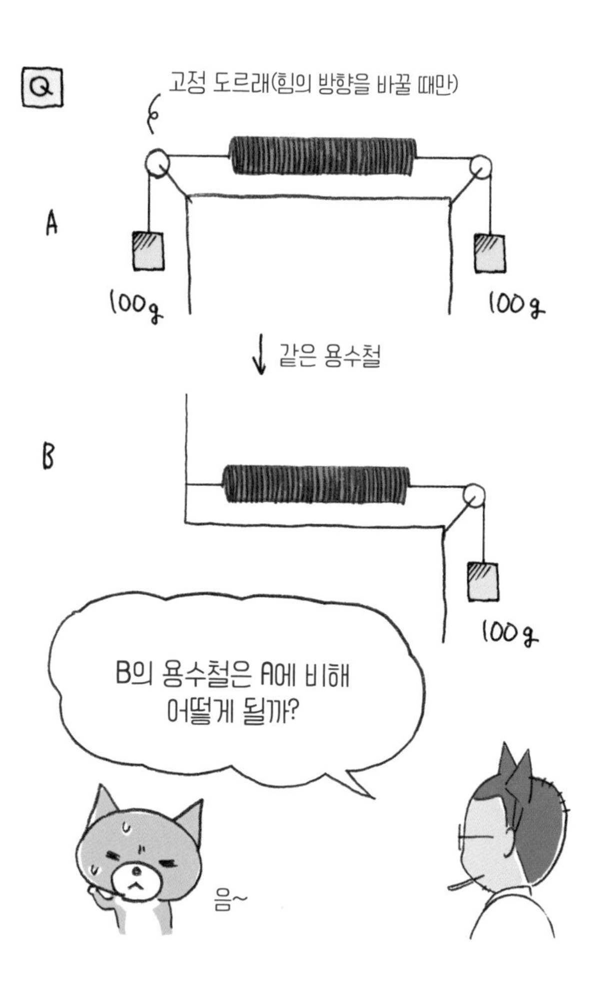

정답

[A] 용수철이 늘어나는 정도는 같다

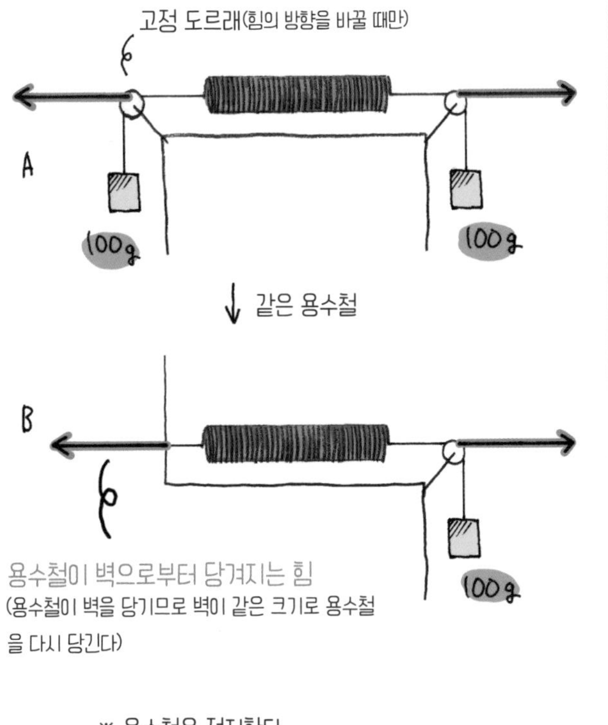

※ 용수철은 정지한다.
오른쪽에 0.98N이 작용하면,
반대 방향으로도 0.98N이 작용한다.

·8· 힘과 압력의 차이

같은 크기의 힘에서도 그 힘이 작용하는 면적이 달라지면 효과가 달라진다. 이때 면적 $1m^2$당 면을 수직으로 미는 힘의 크기를 '압력'이라고 한다(그림 16).

그림 16 압력이란?

$$압력 = \frac{면을\ 수직으로\ 미는\ 힘(N)}{힘이\ 작용하는\ 면적(m^2)}$$

연필을 손으로 쥐면

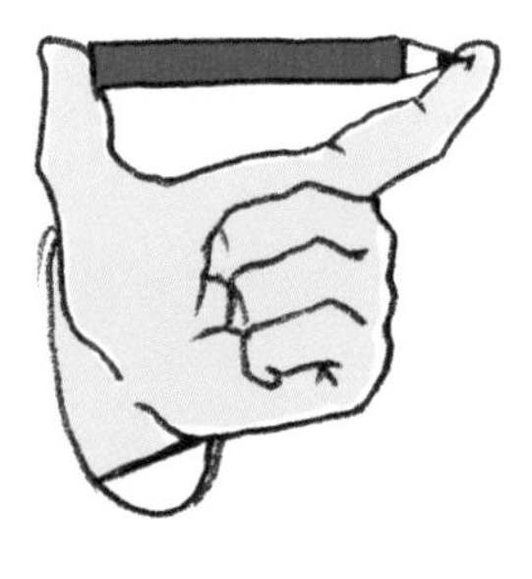

하지만 연필도 손가락도 좌우로부터 같을 힘을 받는다.
면적이 다르면 힘의 효과가 달라진다.
면적 $1m^2$당 면을 수직으로 미는 힘의 크기를 압력이라고 한다.

● 파스칼과 헥토파스칼

압력의 단위는 파스칼(Pa)로 나타낸다. $1N/m^2=1Pa$이다.

우리가 생활하는 곳의 기압을 파스칼로 나타내면 대략 10만Pa 정도다. 이렇게 나타내면 숫자가 너무 크므로, 100배를 나타내는 ‘헥토(h)’를 붙인 헥토파스칼(hPa)을 사용한다. 그렇게 되면 기압은 1,000hPa 정도가 된다.

$1N/m^2 = 1Pa \quad 100Pa = 1hPa$

‘헥토파스칼’은 태풍 등 기압의 단위로
자주 볼 수 있다.

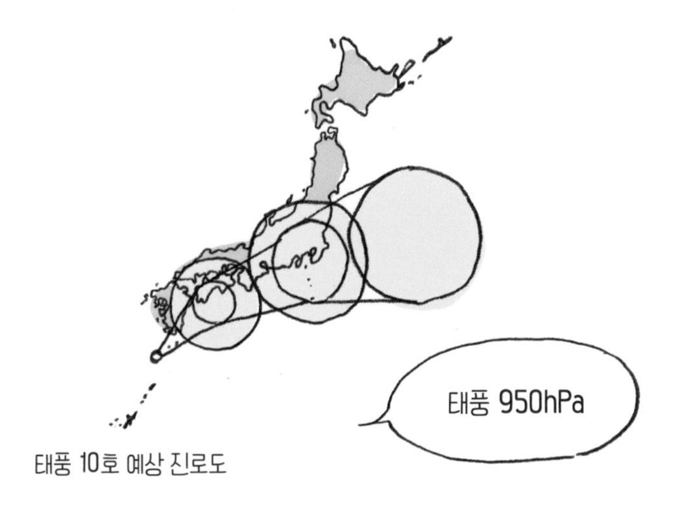

◉ 코끼리 발보다 하이힐에 밟혔을 때 더 아프다? ◉

보통 눈 위에서 신발을 신고 걸으면 발이 푹푹 빠지지만, 스키나 설피를 신으면 발이 빠지지 않는다. 이것은 체중을 넓은 면적으로 분산시키는, 즉 압력을 작게 만든 예다. 나이프나 못은 같은 힘이라도 큰 압력이 작용하도록 칼날의 두께를 얇게 하거나 못의 끝부분을 뾰족하게 간다. 때때로 TV에 초능력자라고 칭하며 수많은 유리 파편 위를 걷는 사람이 나오는데 이것은 압력이 작아서 가능한 일로, 초능력이 아니다. 다만 유리 파편 위에서 발을 빼낼 때 파편을 털어서 떨어뜨려야 한다. 한두 개의 파편이라도 발에 박힐 가능성이 크기 때문이다.

꽃꽂이에 사용하는 침봉에도 잘 갈린 침이 많이 꽂혀 있다. 나는

그림 17 코끼리 발의 압력

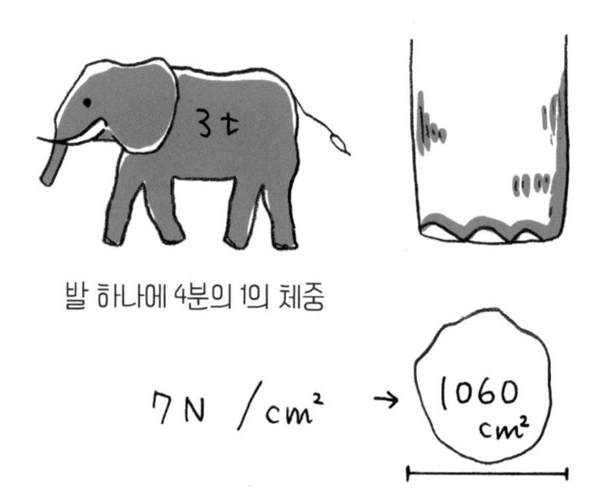

수업 중에 학생을 이 침봉 위에 서게 한 적이 있었는데, 다치는 일은 없었다. 침이 많아서 침 하나하나에 부과되는 힘은 적기 때문이다.

내 동료는 동물원에서 코끼리 다리 모형을 받아 그 발의 면적을 계산해 코끼리에 밟혔을 때와 하이힐에 밟혔을 때의 압력을 계산해본 적이 있다. 코끼리 다리 하나는 1,060cm^2, 코끼리 한 마리의 체중은 3만N, 발 하나에는 체중의 4분의 1이 실린다(그림 17). 한편 하이힐을 신은 여자는 체중 400N, 힐의 면적은 1cm^2, 힐 한쪽에는 체중의 2분의 1이 실린다(그림 18).

계산해보면 코끼리 발 하나의 압력은 7N/cm^2, 즉 7만N/m^{2}이다. 반면 하이힐 한쪽의 압력은 200N/cm^2, 다시 말해 200만N/m^{2}가 된다. 콩나물시루 같은 출퇴근 전철 안에서 하이힐이 무서운 이유다.

그림 18 하이힐의 압력

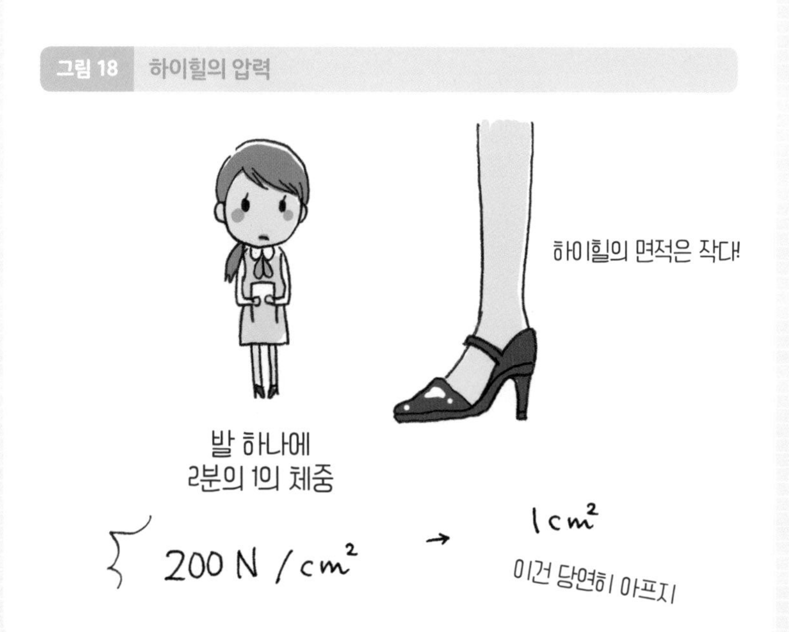

·9· 바다 깊은 곳에서 귀가 먹먹해지는 이유

깊은 물 속에 들어가면 귀가 눌리는 듯한 느낌이 든다. 이것은 물의 압력(수압) 때문이다.

수중에 바닥 면적이 $1m^2$인 물기둥을 생각해보자. 수심 1m에서 그 위에 있는 물의 부피는 $1m^3$로, 질량은 1,000kg이다. 따라서 수압은 $9.8N/kg \times 1{,}000kg \div 1m^2 = 9{,}800N/m^2 = 9{,}800Pa$이 된다. 수심 1m마다 9,800Pa씩 수압이 늘어난다. 또, 같은 수심에서는 상하좌우 어느 방향에서든 모든 방향에 같은 크기의 수압이 작용한다.

심해어를 급격하게 해면에서 끌어올리면 눈이 튀어나오고 입에서는 부레가 튀어나온다. 심해에서는 큰 압력을 몸 안쪽에서 대항하고 있었는데, 갑자기 받는 수압이 작아졌기 때문이다.

엄청난 수압이 작용하는 심해

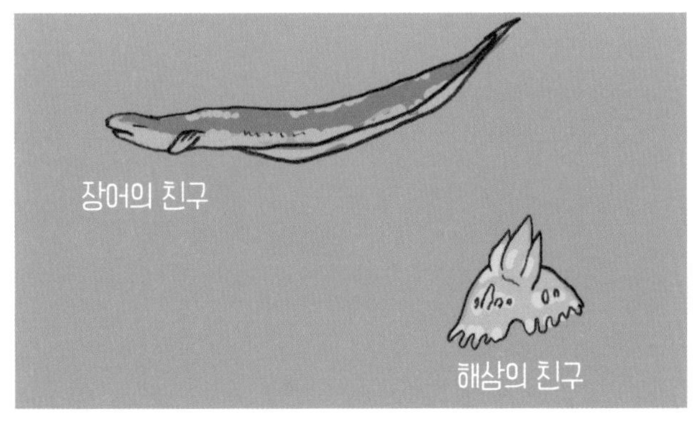

심해어나 해삼류는 수압을 견디고 있다.

문제 50m 깊이인 댐의 벽은 1m^2당 어느 정도의 수압에 견딜 수 있도록 만들어야 할까?

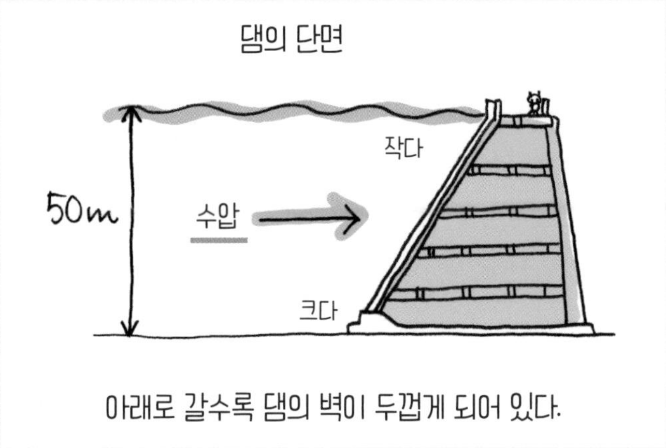

댐의 단면

작다

50m

수압

크다

아래로 갈수록 댐의 벽이 두껍게 되어 있다.

정답 수심 1m마다 9,800Pa씩 수압이 늘어나므로
9,800×50=490,000Pa(4,900hPa)

·10· 공기가 나를 누르고 있다고?

지구는 대기라고 불리는 두꺼운 공기층으로 둘러싸여 있고, 우리는 그 바닥(지표)에 살고 있다. 공기도 무게를 가지고 있으므로 지표 근처의 공기는 그 위에 있는 공기의 무게에 의해 눌려서 압력이 생긴다. 이 압력이 대기압이다. 대기압은 미시적으로 보면 운동하고 있는 공기의 분자가 부딪쳐서 생긴다.

수압과 마찬가지로 대기압도 여러 방향으로 작용한다. 지붕 아래에 있는 사람도 밖에 있는 사람도 같은 높이에 있다면 같은 대기압이 작용한다. 대기압의 크기는 지표 가까이(해수면의 높이)에서 약 100,000Pa다. 정확히 말하자면 대기압은 해수면에서 약 1,013hPa(101,300Pa)로, 이것을 1기압이라고 부른다.

● 알루미늄 캔을 찌그러뜨리는 대기압

탄산음료가 들어 있는 알루미늄 캔은 보통 쉽게 찌그러지지 않는다. 이것은 내부에도 공기가 있어서 외부와 같은 대기압이 작용하기 때문이다. 외부와 내부 모두 격하게 운동하는 공기의 분자가 많이 부딪치고 있는 것이다. 그러나 안의 공기를 빼면 내부의 압력은 없어지므로, 외부에서만 대기압이 가해져 알루미늄 캔이 납작하게 찌그러진다. 드럼통도 안의 공기를 빼거나 수증기로 바꾼 후 차갑게 하여 내부의 압력을 없애면 대기압으로 인해 찌그러진다. 안을 진공과 가까운 상태로 만든 용기가 찌그러지는 이유는 외부에서부

그림 19 된장국 뚜껑이 잘 열리지 않는 이유

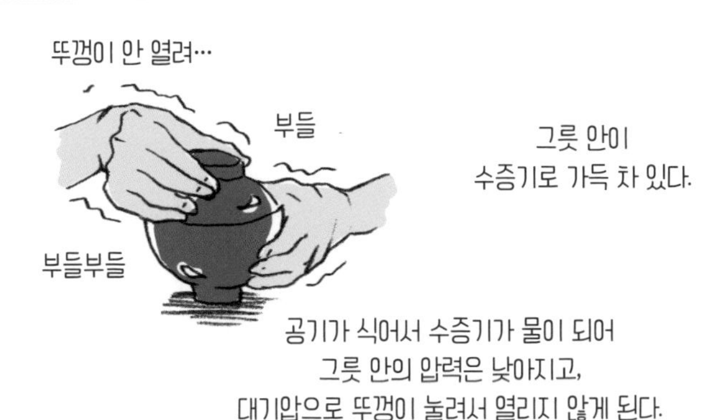

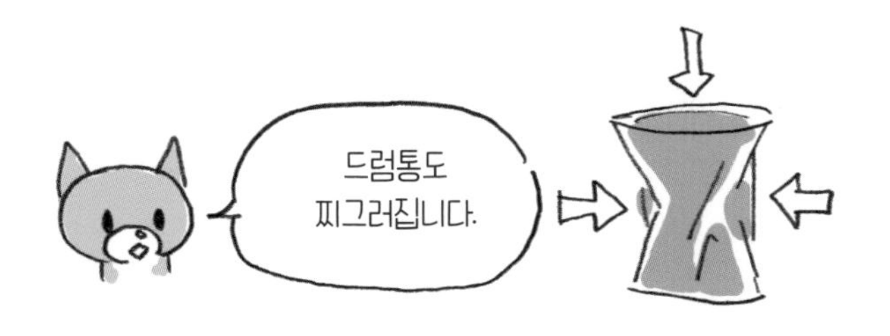

터 격하게 운동하는 공기의 분자가 많이 부딪치는 데 반해, 내부에서는 분자가 거의 부딪치지 않기 때문이다.

비슷한 현상을 뚜껑 달린 국그릇에서도 볼 수 있다(그림 19). 국그릇 뚜껑이 잘 열리지 않은 경험은 누구나 한 번쯤 있을 것이다. 따뜻한 수증기로 가득했던 공기가 식으면서 기압이 낮아진 그릇의 뚜껑을 열려고 하면 대기압으로 인해 뚜껑이 눌려 열기 힘들어지기 때문이다. 빨판도 대기압을 이용한 것이다. 탄성이 있는 플라스틱 빨판을 벽에 꾹 눌렀다가 손을 떼면, 빨판이 원래 크기로 돌아가면서 안의 공기는 희박해져 기압이 낮아지는데, 이때 외부 대기압에 눌려 꽉 달라붙는 것이다.

◎ 빨대로 주스를 마실 때도 대기압이 작용해 ◎

빨대로 주스를 마실 때도 우리는 대기압을 이용하고 있다. 이것은 사실 빨대와 입안의 공기를 빨아들임으로써 공기를 희박하게 해서 기압을 낮추는 것이다. 이때 컵의 주스 표면에는 대기압이 작용하고 있어서 대기압이 주스를 빨대와 입으로 밀어 올리는 것이다.

대기압은 물을 약 10m 높이까지 밀어 올릴 수 있다. 만일 빨대를 길게 하면 10m 높이에서 지면에 놓인 컵의 주스를 마실 수 있을까? 이론적으로는 빨대와 입안을 진공 상태로 만들었을 때 10m 높이까지 가능하지만, 실제로는 5m 정도까지 가능하다고 한다.

그림 20 빨대의 원리

저에게 힘이
작용하고 있어요~

온도계
파닥파닥

제3장

온도와 열은 어떻게 다를까?

일상생활에서 온도와 열은 혼동하기 쉬운 개념이다. 이번 장에서는 과학에서 온도와 열이 어떻게 다른지 살펴보자. 온도가 내려가는 데에는 한계가 있는데, 왜 올라가는 데에는 한계가 없을까? 이 주제에 대해서도 함께 알아보자.

·1· 온도는 왜 변할까?

물체는 원자나 분자로 이루어져 있다. 열이라는 개념을 배울 때는 원자든 분자든 크게 다르지 않으므로 분자 차원에서 이야기를 시작해보자.

● 온도가 높다는 건 분자가 열심히 움직인다는 뜻

물체를 이루는 분자는 모두 운동하고 있다. 고체 상태에서는 부들부들 떨리는 형태로 운동을 한다(그림 1).

온도란, 미시 세계에서는 분자의 운동이 활발한 정도를 말한다. 운동이 활발해지면 고온, 잠잠해지면 저온이 된다.

그림 1 온도와 분자의 운동

• 세상에서 가장 낮은 온도는 -273℃

온도가 낮아진다는 것은 분자의 운동이 점점 둔해짐을 뜻한다. 둔해지다가 결국에는 분자의 운동이 멈춘다. 이것은 저온에 한계가 있다는 것을 의미한다. 분자의 운동이 멈출 때의 온도는 -273℃로, 이보다 낮은 온도는 없다.

그렇다면 온도의 상한선은 얼마일까? 분자가 점점 더 활발하게 운동하면 온도는 계속 올라간다. 몇만 도, 몇억 도, 몇조 도까지도 가능하다. 다만 초고온에서는 분자가 파괴되어 '플라스마'라는 상태가 된다.

◎ 초저온에서 초고온으로 ◎

가장 낮은 온도	-273.15℃
현재 우주 공간의 온도	-270℃
헬륨의 끓는점	-268.9℃
수소의 응고점	-259.1℃
액체 질소의 끓는점	-198℃
액체 산소의 끓는점	-183℃
메탄의 응고점	-182.48℃
달의 표면 중 태양과 반대편의 온도	약 -150℃
에탄올의 응고점	-114.5℃
기온의 최저 기록(1983년 7월 21일 남극 러시아 보스토크 기지에서 기록됨)	-89.2℃
드라이아이스(이산화탄소의 승화)	-78.5℃
가솔린의 인화점	-43℃
수은의 응고점	-38.842℃
시너류의 인화점	-9℃
물의 응고점	0℃
메탄올의 인화점	11℃
에탄올의 인화점	13℃
지구의 평균 기온	15℃
인간의 체온	36~37℃
체온의 한계	42℃
새의 체온	40~42℃
최고 기온	58.8℃
등유의 인화점	40~60℃
에탄올의 끓는점	78.3℃
물의 끓는점	100℃

달의 표면 중 태양 쪽의 온도	약 200℃
원자력발전소의 증기 온도	약 280℃
참기름의 인화점	289~304℃
신문지에 열을 가해 태우는 점	291℃
채종유의 인화점	313~320℃
수은의 끓는점	356.58℃
화력발전소의 증기 온도	약 600℃
용암의 온도	700~1,200℃
촛불의 불꽃	1,400℃
가스 터빈	약 1,500℃
에탄올의 불꽃	1,700℃
수소의 불꽃	1,900℃
백열전구의 온도	2,400~2,500℃
디젤 엔진이나 휘발유 엔진의 연소 온도	약 2,500℃
수소+산소의 불꽃(산수소염)	2,800℃
최초의 다이아몬드 합성(1953년 미국 제너럴일렉트릭)의 온도	3,000℃
아세틸렌+산소의 불꽃	3,800℃
탄화탄탈이 융해되는 온도(물질 중 최고 융점)	3,983℃
히로시마 원자폭탄(1초 후)의 표면 온도	5,000℃
텅스텐(전등의 필라멘트 금속)의 끓는점	5,555℃
태양의 표면	약 6,000℃
시리우스의 표면	10,000℃
태양의 중심	1,400만℃
원자폭탄	수천만℃
핵융합로의 플라스마 온도	1억℃

·2· 따뜻하면 팽창하고 차가우면 수축하고

고체, 액체, 기체는 따뜻하면 팽창하고, 차가우면 수축한다. 어떻게 이런 현상이 나타나는 걸까?

물체는 원자나 분자라는 대단히 작은 입자로 이루어져 있다. 같은 물질이라도 고체, 액체, 기체 상태에 따라 원자나 분자의 결합 방식이 다르다(그림 2). 고체는 원자나 분자가 규칙적으로 꽉꽉 이어져 있어서 입자가 여기저기 움직이지 못하고 같은 장소에서 부들부들 떨고 있다. 액체는 고체보다 느슨하게 이어져 있어서 입자 사이에 틈이 조금 크고 여기저기 움직일 수 있다. 기체는 입자가 제각각 떨어져 붕붕 날아다닌다.

입자의 움직임은 고체→액체→기체 순서대로 활발해진다. 또 고체라도 온도가 오를수록 입자의 움직임이 활발해진다. 액체와 기체에서도 마찬가지다. 입자의 움직임이 활발해진다는 것은 고체에서는 떨림이 심해져서 떨리는 범위(그 입자의 '구역')가 넓어짐을 말한다. 액체와 기체에서도 동일하다.

온도가 올라 팽창해도, 고체와 액체, 기체로 모습을 바꿔도 이들 입자는 새롭게 생겨나거나 사라지지 않는다. 즉 입자의 숫자는 변하지 않는다. 물질의 질량은 이들 입자 하나하나의 질량의 합계이므로, 부피가 바뀌어도 질량은 변하지 않는 것이다.

그림 2 고체, 액체, 기체의 분자 결합

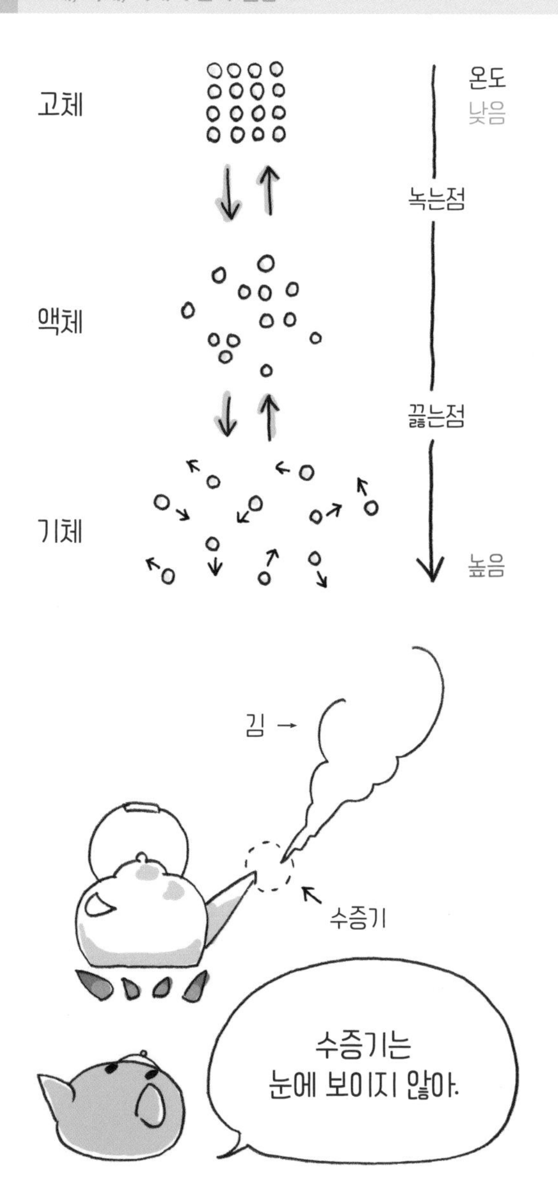

◎ 수은 온도계와 알코올 온도계 ◎

온도계는 온도가 올라가면 수은이나 등유가 팽창하는 성질을 이용한 것이다. 빨간색 액체가 들어 있는 봉 모양의 온도계는 은색 액체, 즉 수은이 들어 있는 수은 온도계와 달리 일반적으로 '알코올 온도계'라고 부른다. 알코올 온도계라고 부르지만, 안에는 알코올이 아니라 석유계의 액체(등유)를 빨간색이나 파란색으로 착색해 넣는다. 옛날에는 알코올을 사용했기 때문에 알코올 온도계라고 불렀던 것이다.

이러한 온도계로 체온을 잴 때, 바로 체온을 알 수는 없다. 몸→온도계로 열의 이동이 끝나는 것은 온도계 자체가 체온과 같은 온도가 될 때다. 그러므로 다소 시간이 필요하다. 또 일반 온도계로 체온을 재면 체온을 확인하려고 몸에서 온도계를 뗐을 때 주변 공기의 영향을 받는다. 따라서 체온계는 몸에서 떼어도 온도가 되돌아가지 않게 설계되어 있다.

그림 3 수은 온도계

· 3 · 열이 이동하니까 온도가 변하는 거야

문제 1 20℃인 방에 오랜 시간 놓인 스타이로폼과 쇠 중에서 어느 쪽의 온도가 더 높을까? (같은 조건으로, 직사광선은 들어오지 않는다)

(가) 스타이로폼

(나) 쇠

(다) 같다

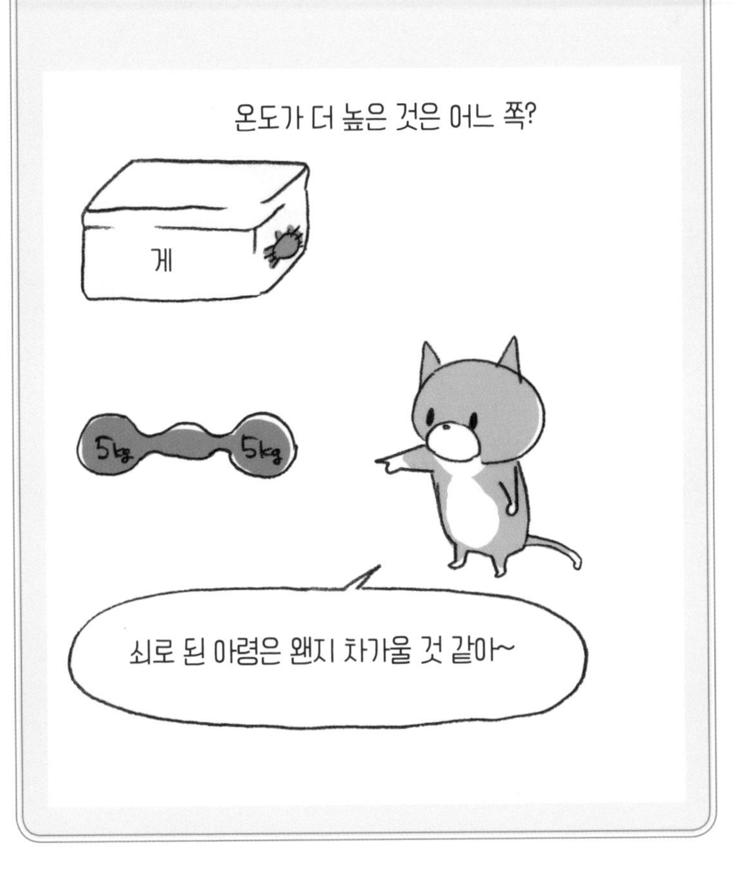

● 열이란 무엇일까?

고온의 물체와 저온의 물체가 접촉하면 고온인 물체의 온도는 내려간다. 반대로 저온인 물체의 온도는 올라간다. 두 물체의 온도가 같아지면 변화가 멈춘다(그림 4).

이때, 고온의 물체에서 저온의 물체로 '무언가'가 이동했다고 생각할 수 있다. 이 '무언가'가 바로 열이다. 같은 온도가 되었을 때, 열의 이동이 사라진다. 열의 이동은 반드시 고온의 물체에서 저온의 물체 방향으로 이루어지는 일방통행이다.

• 물건을 장시간 놔두면 실온과 같아져

그러므로 같은 방(같은 조건, 직사광선 없음)에 장시간 놓아둔 스타이로폼과 쇠는 함께 같은 온도의 공기에 접촉하므로 결국 공기, 스타이로폼, 쇠의 온도는 같아진다.

• 바람이 온도를 낮추진 않아

마찬가지로 온도계에 바람을 불어넣어도 그 바람(공기)의 온도가 표시될 뿐이다. 보통 바람 때문에 시원하다고 느끼는 이유는 바람이 몸의 수분을 증발시키기 때문이다.

따라서 문제 1의 정답은 '(다)', 문제 2의 정답은 '변하지 않는다'다.

그림 4 고온인 물체와 저온인 물체가 만났을 때

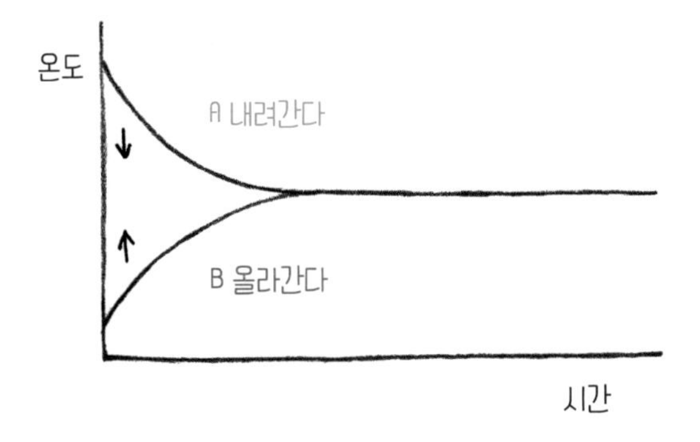

고온인 물체 A의 온도는 내려가고,
저온인 물체 B의 온도는 올라가서
두 물체는 같은 온도가 된다.

● 쇠가 차갑게 느껴지는 이유

그렇다면 쇠에 손을 대면 차갑다고 느끼고, 스타이로폼에 대면 쇠보다 따뜻하다고 느끼는 것은 왜일까? 쇠와 스타이로폼은 열이 전달되는 정도가 다르기 때문이다.

체온은 보통 주변의 공기보다 높다. 몸(손)이 고온인 물체, 쇠나 스타이로폼이 저온인 물체가 되는 것이다. 손이 쇠에 닿으면 열은 손→쇠로 이동하는데, 쇠는 열을 전달하기 쉬운 물질이므로 만진 부분에서 쇠 전체로 빠르게 열이 전달된다. 즉, 쇠가 차가운 것이 아니라 손에서 열이 빠져나가기 때문에 그렇게 느끼는 것이다. 이에 반해 스타이로폼은 열을 전달하기 어려운 물질이므로 손으로 만져도 손의 열이 쉽게 빠져나가지 않는다. 그래서 쇠보다 따뜻하게 느껴지는 것이다.

● 얼음 온도가 다양하다고?

-20℃인 냉동실의 얼음이 0℃가 아니라 −20℃가 되는 것도 같은 원리다. '얼음이 0℃'라는 건 얼음이 얼기 시작하거나 녹기 시작하거나 한창 녹고 있을 때 0℃라는 말이다. 주변 공기의 온도가 −20℃인 곳에 두면 얼음도 −20℃로 변한다.

쇠는 열을 전달하기 쉬워서
손의 열이 점점 쇠 쪽으로 이동해간다.
스타이로폼은 열을 전달하기 어려워서
손에서 열이 잘 빠져나가지 않는다.

◎ 미시 세계에서 본 열의 이동 ◎

고온인 물체와 저온인 물체를 접촉하면 고온인 물체에서 저온인 물체로 열이 이동한다. 이것은 거시적인 세계에서 보는 관점이다. 이것을 미시적인 차원에서 보면 어떻게 될까? 온도가 다른 2개의 물체가 접촉히면 운동이 격렬한 분자와 얌전한 분자가 충돌한다. 그러면 운동이 완만한 분자는 격해지고, 격하게 운동하는 분자는 완만해진다. 이런 현상이 접촉 지점에서 일어나면 나아가 옆의 분자에서도 같은 일이 일어난다. 이렇게 해서 언젠가 평균이 되어 운동의 크기가 같아진다.

그림 5 분자 수준에서 본 열의 이동

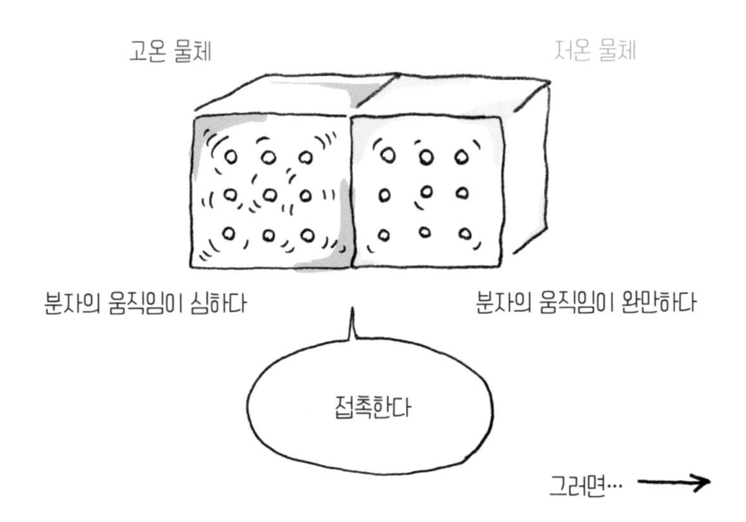

고온인 물체에서 저온인 물체로 열이 이동하는 현상은, 미시적으로는 분자 운동을 주고받는 현상이다.

기체인 분자는 고체나 액체보다 부딪히는 기회가 적어서 가두면 단열성이 좋아진다(가두지 않으면 대류로 열을 전달한다). 공기를 많이 포함하는 옷이 따뜻한 것은 그 때문이다. 집을 지을 때도 지붕이나 벽에 공기의 단열성을 이용하고 있다.

분자의 움직임도 같은 정도가 된다

·4· 열량! 몇 칼로리예요?

물체 사이에 열이 이동할 때 얼마만큼 이동하는지 나타내는 '열의 양'을 '열량'이라고 한다. 열량은 온도만으로 정해지지 않는데, 다음과 같이 정의한다.

물 1g의 온도를 1℃만큼 올리는 데 필요한 열량을 1cal(칼로리)라고 한다

국제적으로는 열량의 단위로 J(줄)을 사용하는데, 칼로리가 더 떠올리기 쉬우므로 여기서는 칼로리를 사용하기로 한다. 1cal는 4.2J이므로 cal에서 J, J에서 cal로 변환할 수 있다. Acal는 A×4.2J, BJ은 1/4.2Bcal, 즉 0.24Bcal가 된다.

물 2g을 1℃ 올리는 것은 물을 1g씩 나눠 각각 1℃ 올리는 것과 같으므로 2cal가 필요하다. 즉, 물 Ag을 1℃ 올리는 데는 Acal가 필요하다. 물 1g을 2℃ 올리려면, 1℃ 올리는 데 1cal, 또 1℃ 올리는 데 1cal가 필요하므로 총 2cal가 필요하다. 즉, 물을 B℃ 올리는 데는 Bcal 필요하다. 다시 말해, 물 Ag을 B℃ 올리는 데는 A×Bcal가 필요하다. 따라서 물의 경우, 물이 얻거나 잃거나 하는 열량은 다음과 같다. 열량을 계산할 때 필요한 온도 변화 수치는 '높은 쪽의 온도-낮은 쪽의 온도'로 구할 수 있다.

열량(cal)=물의 질량(g)×물의 온도 변화(℃)

아래처럼 쓰기도 한다.

열량(cal)=1×물의 질량(g)×물의 온도 변화(℃)

두 번째 식의 가장 앞에 있는 1은 '물 1g의 온도를 1℃만큼 올리는 데 필요한 열량을 1cal라고 한다'의 1cal를 의미하는 1이다. 물이 아닌 물질은 질량 1g의 온도를 1℃ 올리는 데 필요한 열량이 다르다. 따라서 '물은 1'이라는 사실을 나타내려고 일부러 써넣기도 한다.

그림 6 열량의 차이

문제 20℃인 물 50g의 온도를 60℃까지 올리는 데 필요한 열량은 몇 cal일까?

정답 물의 질량은 50g
온도 변화는 60℃-20℃=40℃
필요한 열량은 50g×40℃=2,000cal

문제 25℃인 물 100g에 3,000cal의 열량을 가하면 물의 온도는 몇 ℃가 될까?

이 문제를 다음 순서대로 생각해보자.
구하는 온도를 x℃라고 하면, x℃는 25℃보다 크고, 온도 변화는 (가)℃가 된다. 질량은 100g으로, 열량(cal)=물의 질량(g)×물의 온도 변화(℃)에 대입하면,

3,000cal=100g×(가)℃
x=(나)℃

정답 가: x-25　　나: 55

·5· 방정식으로 온도 계산하기

온도가 다른 물을 섞었을 때, 섞은 후 몇 ℃가 되는지를 묻는 문제를 푸는 방법을 알아보자. 다음의 원리를 기억하라.

> 고온의 물체가 잃은 열량=저온의 물체가 얻은 열량

'20℃의 물 200g과 60℃의 물 300g을 섞으면 몇 ℃가 될까?'를 생각해보자(그림 7). 자신 있는 사람은 바로 풀어봐도 좋다.

그림 7 온도가 다른 물을 섞으면

● 열량을 이용해 방정식을 세워보자

잘 풀어봤는가? 이것은 열량 문제 중에서 어려운 편에 속하지만, 순서대로 풀어나가면 반드시 풀 수 있는 문제다.

그럼 문제 푸는 법을 살펴보자. 포인트는 다음과 같다.

구하려는 온도를 x℃로 하고, 저온인 물체가 얻은 열량, 고온인 물체가 잃은 열량을 x가 포함된 식으로 나타낸다

그리고 다음의 관계를 이용해 방정식을 푸는 것이다.

저온인 물체가 얻은 열량=고온인 물체가 잃은 열량

여기까지 이해했다면 다음 순서대로 풀어보자.

① 20℃의 물이 얻은 열량은 몇 cal가 되는가?
(x를 포함한 식으로 나타내보자)

② 60℃의 물이 잃은 열량은 몇 cal이 되는가?
(x를 포함한 식으로 나타내보자)

③ x는 몇 ℃가 되는가?

정답

①: $200\times(x-20)$cal

②: $300\times(60-x)$cal

③: 44℃

① 20℃의 물은 질량이 200g이다. 열을 얻어서 20℃→x℃가 된다. 온도 변화는 '높은 쪽의 온도 - 낮은 쪽은 온도'이므로 $x-20$℃다. 20℃의 물이 얻은 열량은,

$200\times(x-20)$cal

② 60℃의 물은 질량이 300g이다. 열을 잃어서 60℃→x℃가 된다. 온도 변화는 '높은 쪽의 온도-낮은 쪽의 온도'이므로 $60-x$℃다. 60℃의 물이 잃은 열량은,

$300\times(60-x)$cal

③ 저온의 물체가 얻은 열량 = 고온의 물체가 잃은 열량이므로,

$200\times(x-20)=300\times(60-x)$

양변을 100으로 나눠,

$2\times(x-20)=3\times(60-x)$

$2x-40=180-3x$

$2x+3x=180+40$

$5x=220$

$x=44$

한 문제 더 도전해보자.

문제 40℃의 물 100g과 10℃의 물 50g을 섞으면, 몇 ℃의 물이 될까?

정답 30℃

·6· 물질마다 달라지는 비열

같은 조건에서 같은 질량의 물과 기름에 열을 가하면 온도는 어떻게 될까? 실제로 해보면 기름의 온도가 더 빨리 오른다(그림 8).

물 1g을 1℃만큼 올리는 데 필요한 열량을 1cal라고 했는데, 물질마다 1g을 1℃만큼 올리는 데 필요한 열량이 다르다. 어떤 물질 1g을 1℃ 올리는 데 필요한 열량을 '비열'이라고 한다. 비열이 클수록 잘 데워지지 않고 잘 식지 않으며, 비열이 작을수록 잘 데워지고 잘 식는다.

그림 8 물과 기름의 비열 차이

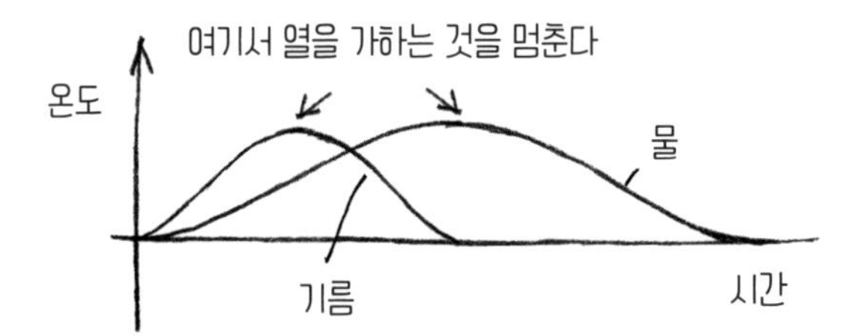

기름은 잘 데워지고 잘 식는다.
물은 잘 데워지지 않고 잘 식지 않는다.

이것은 비열 때문이다.

• 물은 비열이 큰 물질

물은 비열이 대단히 큰 물질이다. 비열이 큰 물이 지구 표면의 약 70%를 차지하고 있기 때문에 밤과 낮의 기온 차이가 조절되고 기상도 큰 영향을 받는다(그림 9).

열량(cal)=비열×질량(g)×온도 변화(℃)

비열의 단위는 cal/g · ℃(칼로리 매 그램 섭씨도)이다.

그림 9 지표의 70%는 물

문제 질량 100g, 100℃의 금속을 18℃, 150g의 물에 넣었더니 물의 온도가 28℃로 올랐다. 이 금속 1g의 온도를 1℃ 높이는 데 필요한 열량은 몇 cal일까? 답은 소수점 세 번째 자리에서 반올림한다.

질량 100g, 100°C의 금속을
150g, 18°C의 물에 넣으면?

• 방정식으로 비열 구하기

온도가 다른 물의 혼합 문제와 마찬가지로 구하는 값을 x로 두고, 저온의 물체가 얻은 열량, 고온의 물체가 잃은 열량을 구한 뒤 다음의 정의에서 방정식을 만들어 풀어서 x값을 구한다.

저온의 물체가 얻은 열량=고온의 물체가 잃은 열량

물은 질량이 150g, 온도 변화는 28-18=10℃다.
물이 얻은 열량은 150×10=1,500cal다.
금속을 넣은 후, 물이 28℃가 되었으므로, 금속은 (　　가　　)℃가 되었다.
금속의 질량은 100g, 온도 변화는 100-28=72℃다.
금속이 잃은 열량은 (　　나　　)cal다.
물이 얻은 열량=금속이 잃은 열량이라는 관계에서,
1500=(　　나　　)
x=(　　다　　)cal/g · ℃

정답 가: 28　　나: 7200x　　다: 0.21

따뜻한 음료의 열이 내게로 이동하고 있어~

CW

제4장

전류가 흐르는 원리는 무엇일까?

많은 사람이 전기 회로를 어려워한다. 기본적으로 전류가 잘 흐르는 도체는 금속인데, 회로에서는 이 금속뿐만 아니라 전류가 흐르지 않는 부도체(절연체)도 중요하다. 왜 그럴까? 이 장에서 전류, 전압, 저항의 관계를 배워보자.

·1· 겨울엔 왜 정전기가 잘 일어날까?

2장에서 살펴본 '도망가는 빨대' 실험을 다시 떠올려보자. 빨대가 도망가는 것은 빨대나 종이봉투가 전기를 띠기 때문이다.

전하에는 (+)와 (-)의 두 종류가 있다. (+)와 (-)는 서로 끌어당기고 (+)끼리, (-)끼리는 서로 밀어낸다. 빨대는 (-)전하를 띠고 종이봉투는 (+)전하를 띤다. 그래서 서로 달라붙거나 도망가는 것이다(그림 1). 플라스틱 책받침으로 머리카락을 문질렀을 때 책받침에 머리카락이 달라붙는 이유 역시 (+)전하와 (-)전하로 서로를 끌어당기기 때문이다.

그림 1 빨대와 종이봉투가 끌어당기는 이유

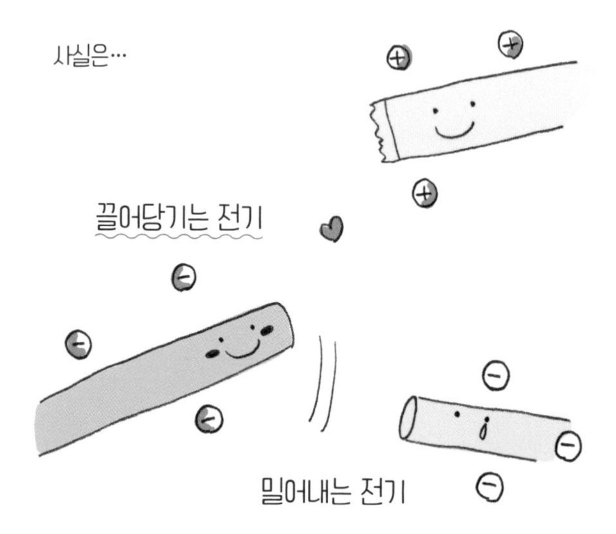

이렇듯 물체에 띤 전기를 '정전기'라고 한다. 정전기는 마찰로 생기는 경우가 많으므로 '마찰 전기'라고도 부른다.

● 원자의 구조와 정전기

그렇다면 정전기는 왜 일어날까?

그 이유를 알기 위해서는 물체를 구성하는 원자를 먼저 알아야 한다. 모든 물질은 원자로 이루어져 있기 때문이다. 원자는 중심에 (+)전하를 띠는 원자핵과 그 주변에 (-)전하를 띠는 전자로 이루어져 있다(그림 2). 원자핵의 (+)전하량과 전자의 (-)전하량이 같으므로, 원자는 전기적으로 중성이다. 원자핵은 원자의 중심에 있으므로 쉽게 떨어지거나 더할 수 없지만, 바깥에 있는 전자는 떨어지거나 붙기 쉽다.

그림 2 원자의 구조

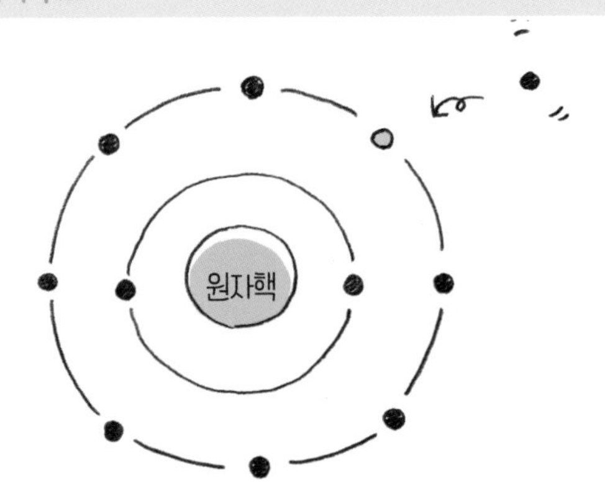

바깥쪽의 전자는 떨어지거나 붙기 쉽다.

보통 원자가 전기를 띠지 않으므로 보통의 사물 역시 전기를 띠지 않는 상태로 있다. 그런데 두 종류의 물체를 문지르면, 전자가 더 잘 떨어지는 물체의 전자가 더 잘 떨어지지 않는 물체 쪽으로 이동한다. 그렇게 되면 전자를 얻은 쪽이 (-)전하가 많아져서 (-)로 대전되고, 전자를 잃은 쪽은 (+)로 대전된다.

• 정전기의 발생

정전기는 다음과 같은 성질로 인해 발생한다.

- 전하에는 (+)전하와 (-)전하가 있다
- 같은 종류의 전기끼리는 서로 밀어낸다
- 다른 종류의 전기끼리는 서로 당긴다

그림 3 빨대와 포장지의 마찰 전기

빨대를 포장지 종이로 문지르면 빨대는 (-)전하, 포장지는 (+)전하를 띤다(그림 3). 이렇게 물체가 전기를 띠는 현상을 '대전'이라고 한다. 한 물체가 (+)로 대전되면 다른 물체는 반드시 (-)로 대전된다. 빨대를 폴리염화 바이닐로 만든 지우개로 문지르면 빨대는 (+)로, 지우개는 (-)로 대전된다.

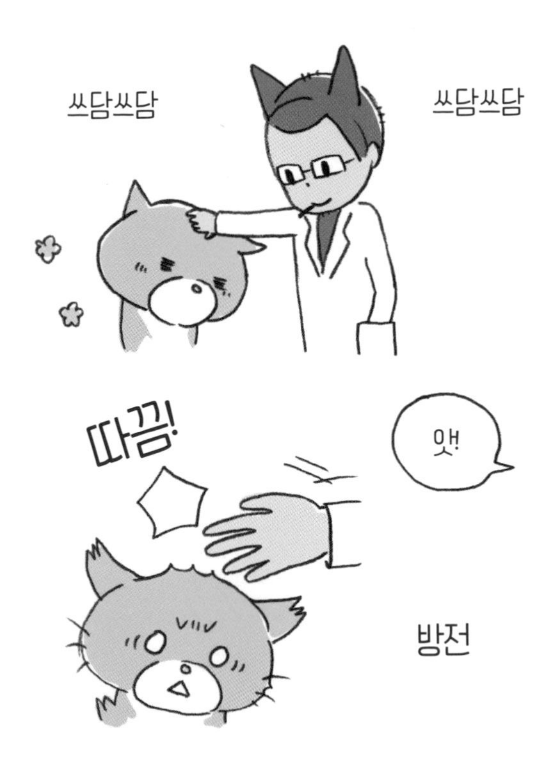

● 문지르면 (+)가 될까, (-)가 될까

정전기가 발생할 때 전기의 종류나 크기는 문지르는 물체의 성질에 따라 상대적으로 변한다. 물체는 (+)로 잘 대전되는 것과 (-)로 잘 대전되는 것으로 나뉜다. 두 종류의 물체를 문지를 때, (+)로 대전될지 (-)로 대전될지는 그 물체를 만드는 물질에 따라 결정된다.

다음 물질에서 두 가지를 골라 문지르면, 더 왼쪽에 있는 물질이 (-)전하를, 더 오른쪽에 있는 물질이 (+)전하를 띤다. 이 순서를 '대전열'이라고 한다.

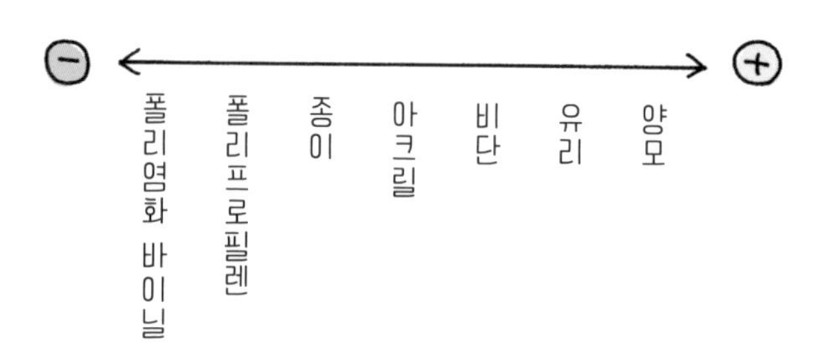

한편 정전기는 습기가 있으면 물을 통해 도망가버린다(방전). 그래서 정전기는 건조한 겨울에 자주 발생한다.

◎ 번개는 자연계의 정전기 현상 ◎

번개는 크게 발달한 적란운(쌘비구름) 안에서 발생한다. 적란운 속에서는 격렬한 상승 기류가 일어나기 때문에 얼음끼리 서로 활발하게 충돌한다. 큰 얼음 알갱이가 (-), 작은 얼음 알갱이가 (+)전하를 띠게 되는데, 작은 알갱이는 가벼우므로 구름 위로, 큰 알갱이는 아래로 이동해 적란운 내부는 정확히 (+)와 (-)가 서로 마주한 형태가 된다. 적란운이 대지에 가까워지면 그 아래의 지면은 (+)로 대전한다. 적란운의 아래쪽에 (-)전하가 모여 있기 때문이다.

이렇게 뇌운이 발생하면 구름 속에 정전기가 모인다. 낙뢰는 뇌운과 지표에 있는 물체 사이의 방전 현상이다.

그림 4 적란운과 낙뢰

•2• 전기 회로도 그리기

전류는 전원의 (+)극에서 나와 도선을 타고 전구를 밝히거나 모터를 돌리고, 다시 도선을 타고 전원의 (-)극으로 돌아온다. 이렇게 전류가 한 바퀴 도는 길을 '전기 회로(회로)'라고 한다.

● 전자의 흐름과 전류의 방향은 반대

전류는 전원의 (+)극 쪽에서 나와 (-)극 쪽으로 흐른다고 알려져 있다. 하지만 도선 내에는 '자유 전자'가 있는데, 이것은 (-)극에서 나와 (+)극 방향으로 흐른다. 즉 실제 전자의 이동 방향과 반대 방향

그림 5 전기 기호

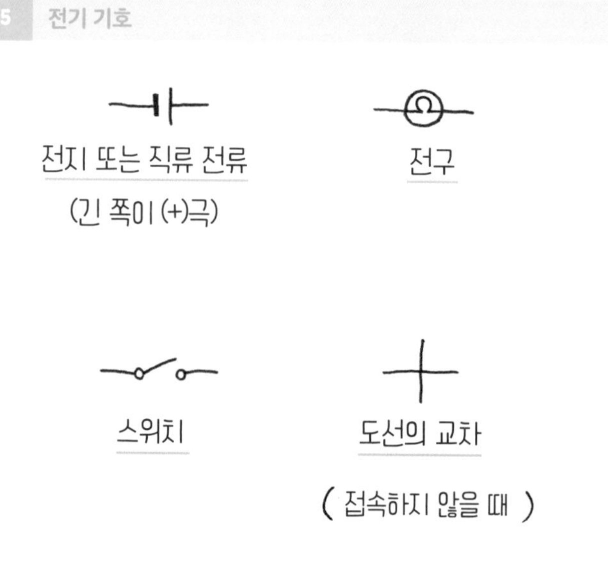

으로 전류가 흐른다고 말하는 건데, 이는 과학자들이 전자의 존재를 알지 못하던 때에 전류의 방향을 정했기 때문이다. 그래서 지금도 전류는 (+)극에서 (-)극으로 흐른다고 말한다.

● 기호로 전기 회로도 그리기

전기 회로를 그림으로 나타낼 때, 그림 5와 같은 기호를 쓴다.

전기 저항(저항)

전류계

직류 전압계

도선의 교차

(접속하고 있을 때)

◎ 계단의 상하 스위치 ◎

보통 가정용 스위치는 조명마다 하나씩 달려 있다. 그렇다면 계단용 조명 스위치는 어떨까?

대부분 계단의 위와 아래에 스위치가 있어, 올라갈 때 아래의 스위치로 조명을 켜고 올라간 뒤 위의 스위치로 조명을 끌 수 있다. 이런 스위치를 '3로 스위치'라고 한다.

그림 6 3로 스위치

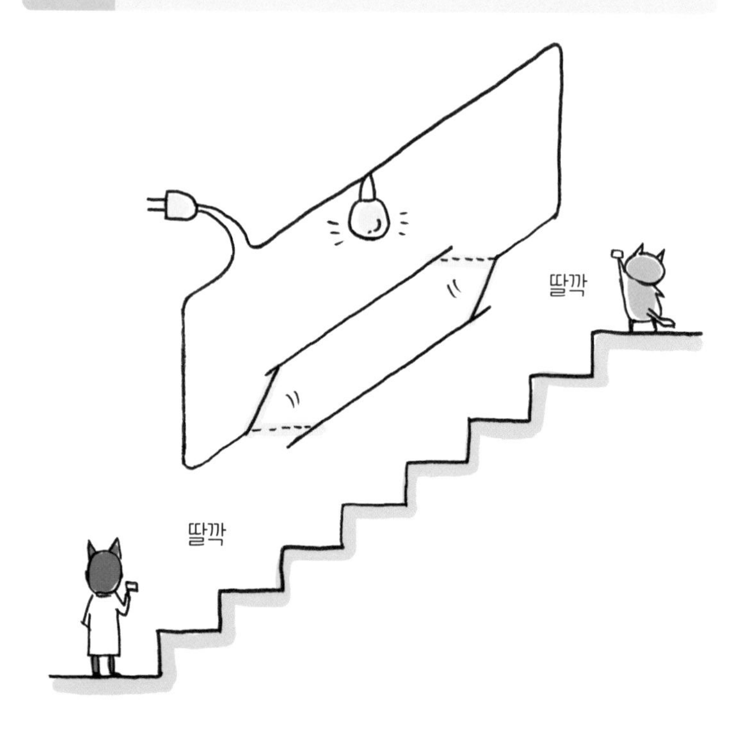

·3· 전선 안에는 자유 전자가 둥둥 떠다녀

전기 회로는 기본적으로 도체(금속)와 부도체(비금속)로 이루어져 있다. 도선은 도체를 부도체로 감싸고 있다(그림 7). 물론 전류가 지나는 것은 도체 부분이고, 부도체는 합선(쇼트)이 일어나지 않게 하는 역할을 한다.

우리 주변에서 금속 이외에 도체라고 말할 수 있는 것은 흑연(망가니즈 건전지의 탄소봉, 연필심에 사용된다) 정도다. 유리, 고무 등 금속 이외의 물질(비금속)은 대부분 부도체(또는 절연체)다. 그리고 그 중간에 반도체가 있다.

그림 7 도체와 부도체

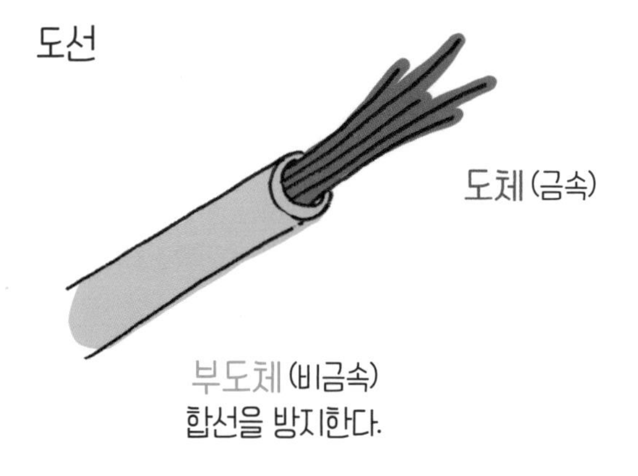

● 미시적 관점에서 보는 전자의 움직임

도체의 내부 구조를 살펴보자(그림 8). 도체를 구성하는 금속에는 금속 원자가 많이 모여 있다. 이 각각의 원자로부터 전자의 일부가 떨어져 나와 금속 안을 자유롭게 떠돈다. 원자가 하나였을 때는 전자는 그 원자의 부속물이었다. 그런데 금속 원자가 많이 모이면 어느 원자에도 속하지 않는 자유로운 전자가 줄줄 돌아다니게 된다. 이 전자를 '자유 전자'라고 부른다.

자유 전자가 된 전자를 방출한 원자는 그만큼 (-)전하가 줄어든다. 그러므로 남은 원자는 (+)전하를 띠게 된다. 따라서 금속은 (+)전하를 띠는 원자와 자유 전자로 이루어지게 된다. 비금속에는 자유 전자가 없다.

그림 8 원자 수준에서 본 금속의 구조

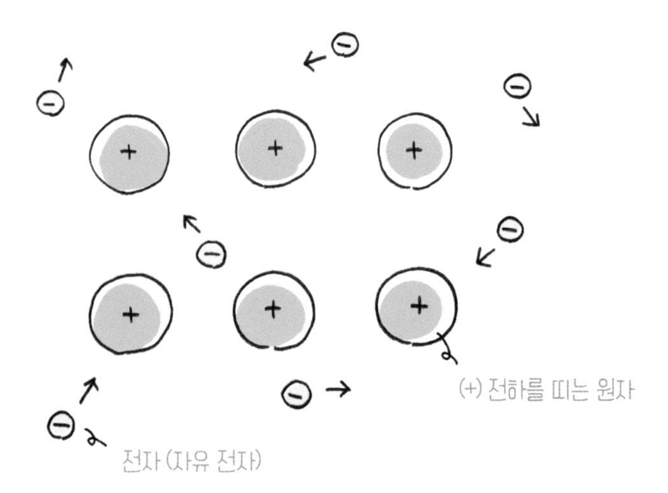

잠깐 쉬어요~
팔락팔락
수고했어~
그러고 보니 계속 궁금했어요.
이거 뭐예요?
담배?
파이프?
아~
이거 말이야?
사탕이다! 헉
나는 단 걸 좋아해~
너는 다이어트해야지~
쳇, 혼자만!
나도 먹을래요!

◎ 쇼트 회로 ◎

B와 E 사이에는 스위치와 도선뿐이고, C와 D 사이에는 전구가 있는 회로가 있다고 하자.

C와 D 사이에 있는 전구는 도선만 있을 때보다 저항이 매우 커진다(저항이란 전류가 흐르기 힘든 정도를 말한다). 그 결과, 스위치를 켜면 전류 대부분이 A, B, E, F를 흐르게 된다. 이렇게 도선으로만 이루어져 전류가 흐르기 쉬운 전류의 길을 '쇼트 회로'라고 한다.

쇼트 회로란, 거리가 짧은 회로라는 의미가 아니라 저항이 거의 없는 회로라는 뜻이다.

C와 D 사이의 전구는 켜지지 않지만, 시간이 지나면 전지가 뜨거워진다. 이것은 쇼트 회로에 큰 전류가 흐르고 있기 때문이다. 전

그림 9 쇼트 회로

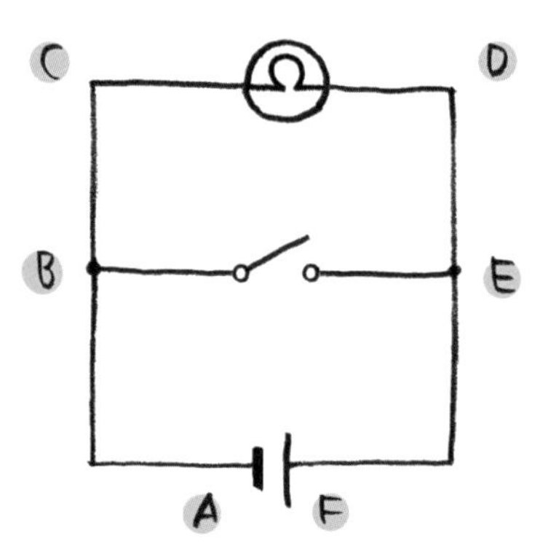

B와 E 사이에는 스위치와 도선뿐이다.

구는 켜지지 않지만, 전지는 점점 소모되어간다.

만약 도선이 절연체로 뒤덮여 있지 않다면 어떻게 될까? 도선끼리의 접촉으로 인해 합선이 일어나기 쉬워진다. 전기 회로에서 도선을 부도체(절연체)로 뒤덮는 이유는 도선끼리의 접촉으로 인한 합선을 막기 위해서다. 100V 교류 전원에 접속한 회로에서 합선이 일어난 경우, 아주 큰 전류가 흘러서 도선이 발열해 화재가 일어나기도 한다.

대전류(많은 양의 전류)는 합선뿐만 아니라 전기 기구를 한 번에 많이 사용할 때도 발생한다. 각각의 전기 기구는 병렬로 연결되어 있어서 전류가 각 전기 기구로 나뉘어 흐르더라도 결국 전부 합한 수치가 전류의 양이기 때문이다. 따라서 가정에서는 흐르는 전류량이 너무 클 때, 두꺼비집이 내려가게끔 되어 있다.

가정에서 전기를 사용할 때는 다음에 주의해야 한다.

- 콘센트에서 나오는 전기에 직접 접촉하면 안 된다. 감전사할 위험이 있다.
- 도선을 덮는 부도체가 찢어졌다면 그 기구를 사용하지 않는다.
- 문어발식 배선(하나의 콘센트에 여러 기구를 연결하는 것)을 하지 않는다.

·4· 전류가 물이라면 전압은 수압

전류의 크기는 암페어(A)와 밀리암페어(mA)로 나타낸다. 1A=1,000mA다.

전기 회로에서 전류를 흐르게 하는 능력의 크기를 나타내는 것이 전압이다. 전압의 단위는 볼트(V)다.

그림 10 전기 회로를 물의 흐름에 비교하면

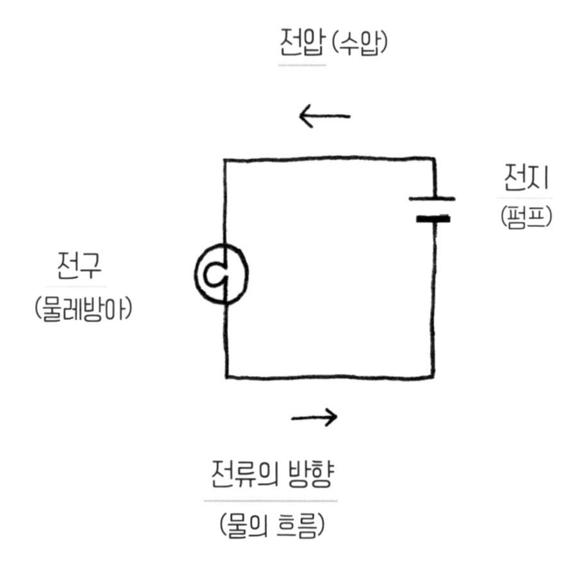

● 물의 흐름으로 이해하는 전류와 전압

여기서 전류와 전압의 차이를 짚어보자. 전류는 말 그대로 전하의 흐름이다. (+)전하와 (-)전하 중 어느 한쪽을 띤 입자가 졸졸 흘러서 움직이면 그것이 바로 전류다. 전압은 이러한 전하를 띤 입자에 힘을 가해 움직이게 하는 작용이다. 전류를 물에 빗대서 말하자면 전압은 수압이라고 할 수 있다(그림 10).

전기를 흐르게 하면 전구에 불이 들어온다.

◎ 우리 주위에는 전자가 떠다닌다 ◎

도선이 없어도 전기가 흐를 때가 있다. 건조한 겨울철에 손이 따끔했던 경험은 누구나 한 번쯤 있을 것이다. 이는 공기 중에 정전기가 쌓여서 방전되었기 때문이다. 이때 불꽃이 튈 때도 있는데 이것 역시 전류다. 어쨌든 전자가 이동한 것이다.

일상생활에 존재하는 정전기는 수천 볼트(V)에서 수만 볼트, 때로는 그 이상이 되기도 한다. 일상 속의 정전기는 전압은 높아도 전류는 아주 작다. 하지만 번개는 수천만 볼트에서 수억 볼트에 이르고 전류도 커서 번개에 맞으면 집이 불타거나 사람이 죽기도 한다.

만약 공기를 희박하게 한 후 전압을 가하면 어떻게 될까? 양쪽 끝에 금속의 (+)극과 (-)극을 붙이고, 한쪽에 형광 물질을 바른 금속판을 넣은 유리관(방전관)을 준비한다. 그리고 유리관 속의 공기

그림 11 정전기는 방전 현상

를 진공 펌프로 빼낸다. 이 관을 '크룩스관'이라고 한다. 크룩스관에 전압을 걸어 방전시키면 안에 있는 금속판에 형광색을 띤 수평의 그림자가 생긴다. (-)극에서 (+)극으로 무언가가 이동하는 것이다. 이것을 '음극선'이라고 한다.

수평인 음극선에 추가로 위아래에 전압을 가하면 음극선이 추가로 전압을 가한 전극의 (+)극 쪽으로 당겨져 구부러진다. 즉 음극선은 (-)전하를 띠고 있음을 알 수 있다. 오늘날은 음극선의 정체가 (-)전하를 띤 입자, 즉 '전자'라는 점이 밝혀졌다. 진공 방전관이라도 소량의 공기가 남아 있는데, 그 양(압력)에 따라서 방전했을 때의 색이 달라진다. 또 넣는 기체의 종류에 따라서도 색이 달라진다. 이러한 성질을 이용하여 만든 것이 네온사인이다.

그림 12 크룩스관 실험

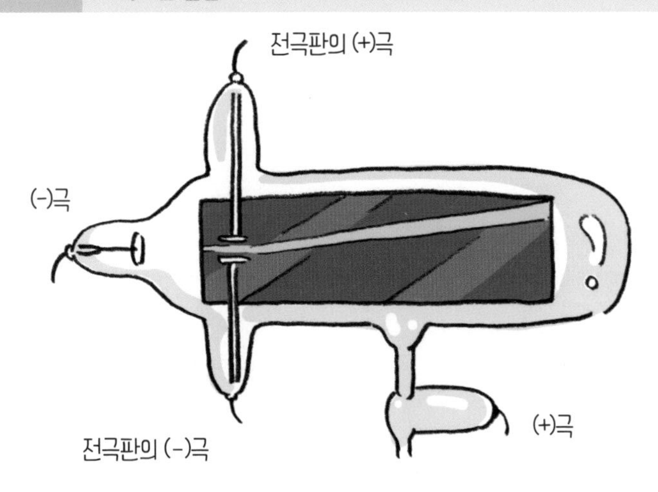

전극판에 전압을 더하면 (+)극 쪽으로 구부러진다.

·5· 직렬 회로와 병렬 회로의 차이

같은 전원을 사용해 전구를 2개 연결하는 전기 회로는 두 종류로 만들 수 있다(그림 13).

● 직렬과 병렬은 회로의 기본

①에서 전류가 흐르는 도선은 전지의 (+)극→전구 A→전구 B→전지의 (-)극의 순서로, 전류가 흐르는 길이 하나다. 이렇게 전류가 나뉘지 않는 전기 회로를 '직렬 회로'라고 부른다.

②에서는 전류가 흐르는 길이 전지의 (+)극→전구 A→전지의 (-)극, 전류의 (+)극→전구 B→전지의 (-)극의 순서로, 두 갈래로 나뉜다. 이렇게 전류가 흐르는 길이 2개 이상으로 나뉜 전기 회로를 '병렬 회로'라고 한다.

그림 13 직렬 회로와 병렬 회로

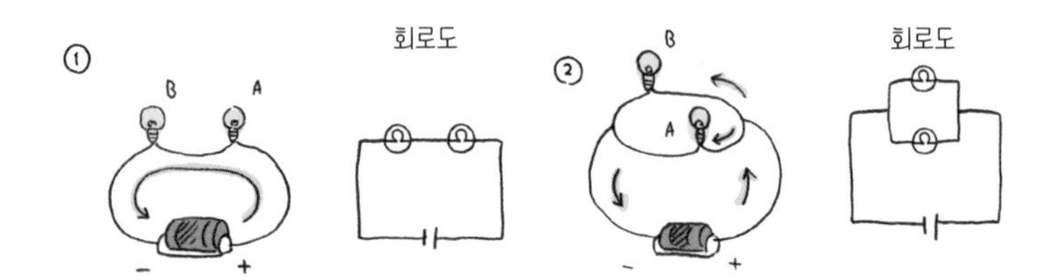

문제 아래 회로에서 A점에 흐르는 전류가 0.2A였다. B점, C점에서는 몇 A일까?

(가) 0.2A

(나) 0.2A보다 작다

(다) 0.2A보다 크다

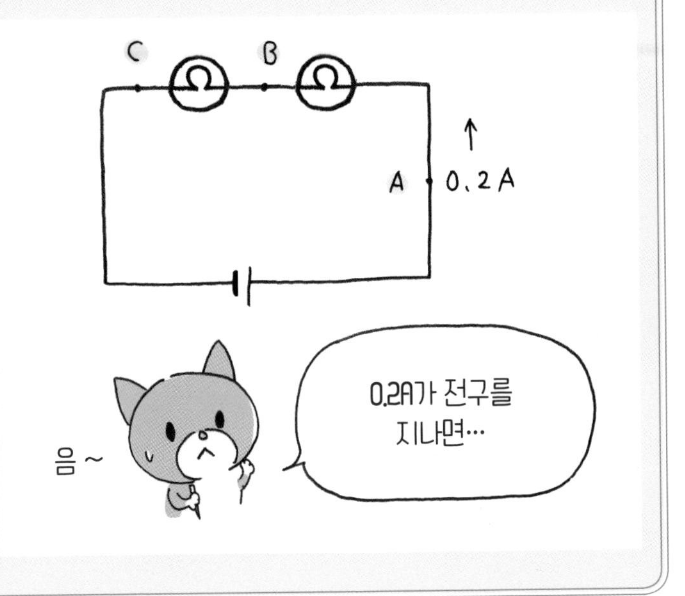

• 직렬 회로에서 전류는 일정해

전류의 정체가 무엇인지 모를 때는, 전류가 전구 등을 지나고 나면 전류가 사용되어 줄어든다고 생각하기 쉽다. 도체(금속)에 흐르는 전류에는 전자가 줄줄 이동하고 있으므로 도중에 길이 나뉘지 않았다면 전자가 어딘가로 달아나는 일은 없다. 따라서 직렬 회로에서는 어디서나 같은 크기의 전류가 흐른다. 전류를 물의 흐름, 전구를 중간에 있는 물레방아에 빗대어 생각해보면, 물레방아를 돌리는 물의 양은 물레방아 전후로 변하지 않는다는 사실과 같다(그림 14).

정답 (가) B점, C점 모두 0.2A

그림 14 전류를 물의 흐름으로 이해해보자

문제 아래 그림에서 A점에 흐르는 전류가 0.5A, B점에 흐르는 전류가 0.2A일 때, C점과 D점에 흐르는 전류는 몇 A일까?

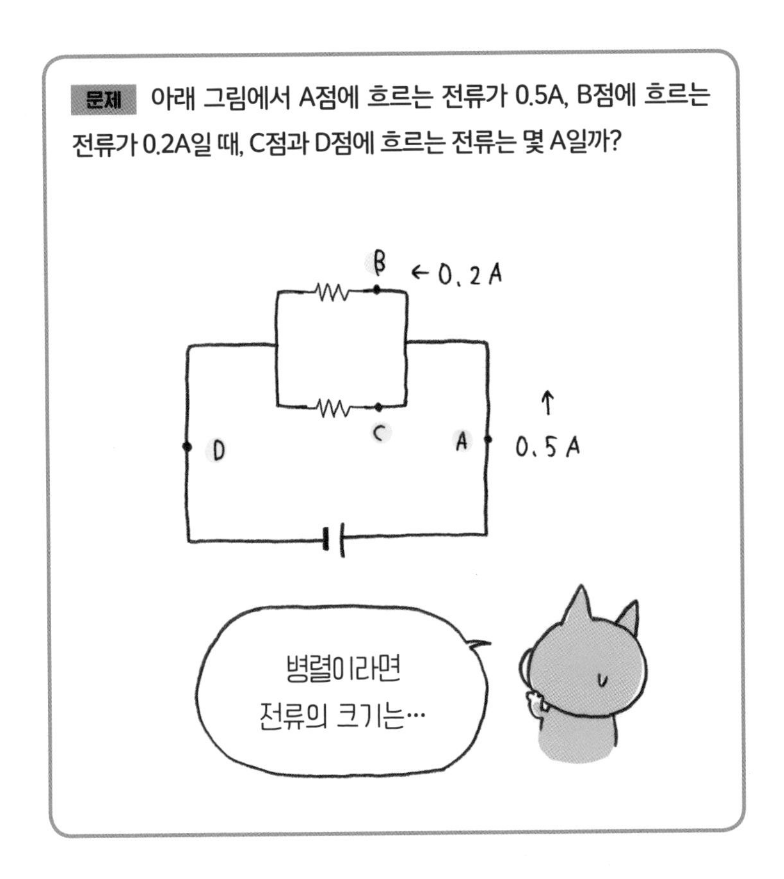

● 병렬 회로에서는 전류가 나뉘어

위 그림은 병렬 회로다. 병렬 회로에서 전류의 크기는 나뉘기 전과 나뉜 후의 합, 다시 합쳐진 크기가 모두 같다.

정답 C점: 0.3A　　　　D점: 0.5A

◎ 전류계와 전압계 사용법 ◎

두 기계 모두 전류가 계기 안을 (+)단자에서 (-)단자로 흐르도록 연결한다. 전류나 전압을 예측할 수 없을 때는 먼저 가장 값이 큰 단자부터 차례로 연결한다.

전류는 회로 속에서 원하는 지점에 전류계를 넣어서 측정한다. 즉, 전류계는 회로에 직렬로 연결한다. 전압은 재고 싶은 구간의 두 지점 사이를 연결해서 측정한다. 즉, 전압계는 회로에 병렬로 연결한다.

그림 15 전류계와 전압계를 연결하는 방법

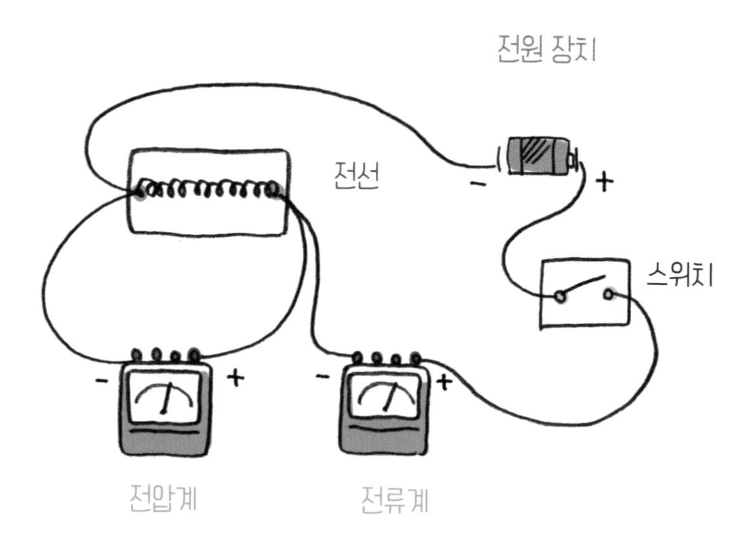

· 6 · 전압을 계산해보자!

전압을 계산하는 방법에 대해서 알아보자. 직렬 회로일 때는 V_1과 V_2 각각 전압의 합이 전체 전원의 전압이 된다. 병렬 회로일 때는 V_1과 V_2 각각의 전압이 전체 전원의 전압과 같다(그림 16).

그림 16 병렬·직렬 회로의 전압

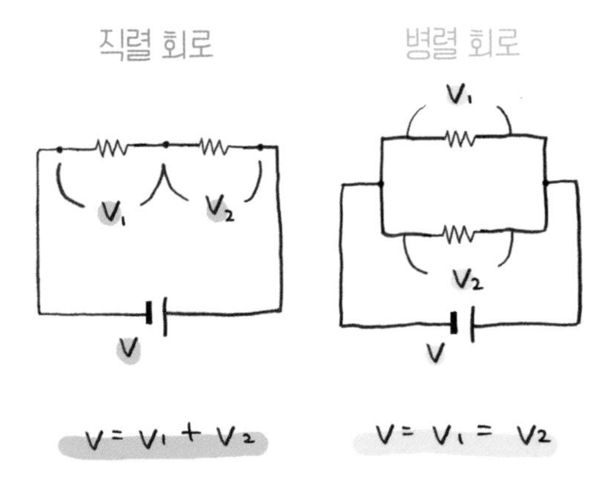

◎ 가정의 배선은 어느 회로일까? ◎

직렬 회로에서는 어딘가 한 곳에서 스위치를 끄면 모두 끊겨버린다. 병렬 회로라면 한 곳이 끊겨도 나머지가 끊기는 일은 없다. 그래서 가정의 배선은 병렬 회로로, 어느 전기 제품에나 똑같이 220V가 걸리게 되어 있다.

·7· 전류와 전압의 관계

그림 17과 같이 전압을 1V, 2V, 3V로 바꿨을 때 전선에 흐르는 전류를 각각 재보자. 어떻게 될까?

그림 17 전선에 거는 전압을 올리면 어떻게 될까?

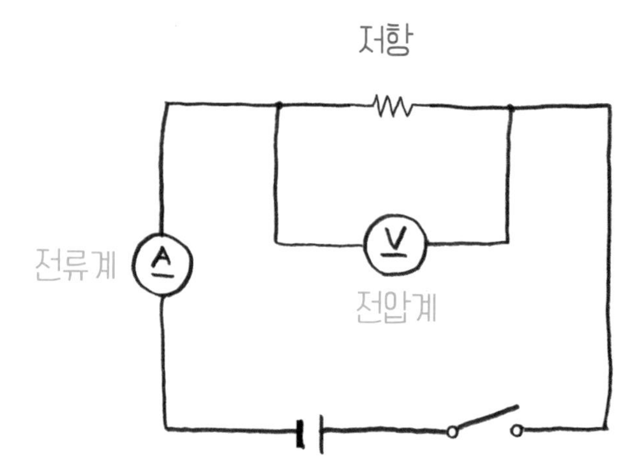

● 옴의 법칙

그 결과가 다음의 그래프 1이다.

그래프 1은 원점(0, 0)을 지나는 직선이다. 가로축의 전압이 2배, 3배가 되면 세로축의 전류도 이에 따라 2배, 3배가 된다. 다시 말해 '전선을 흐르는 전류 I는 전압 V에 비례한다'라는 관계가 성립한다. 이 관계를 '옴의 법칙'이라고 한다.

그래프 1 전압과 전류의 관계

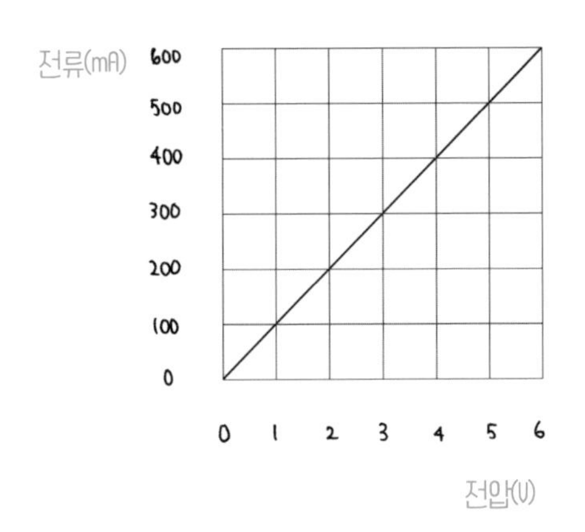

전선을 흐르는 전류 I는 전압 V에 비례한다.

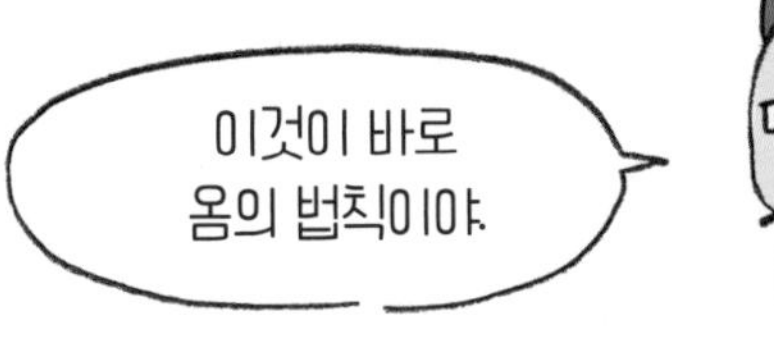

·8· 저항, 전류의 흐름을 방해하는 원인

재질과 길이가 같고 굵기가 다른 전선을 사용해 전압과 전류의 관계를 실험해보면 그래프 2와 같은 결과가 나온다. 같은 전압을 걸었을 때, 전선이 가늘면 굵을 때보다 전류가 잘 흐르지 않는다. 이렇게 전류가 잘 흐르지 않는 정도를 '전기 저항' 또는 '저항'이라고 한다. 저항의 단위는 옴(Ω)이다.

● 옴의 법칙만 알면 전기 회로 문제를 풀 수 있어

그렇다면 옴의 법칙을 사용하는 문제에 도전해보자. 회로 안에 저항이 하나라면 바로 옴의 법칙을 적용할 수 있다. 저항이 2개일 때는 직렬 회로인지 병렬 회로인지 확인한다. 회로의 특징에 따라 다음의 사항을 기억해두자.

그래프 2 전선의 굵기에 따른 전압과 전류의 관계

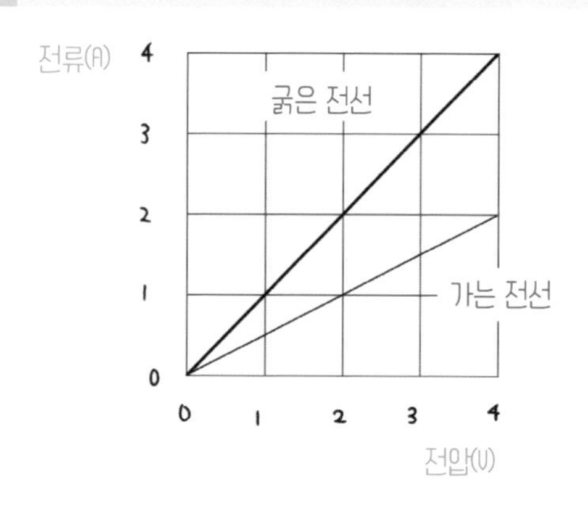

- 직렬 회로라면 전류는 어디서든 같으므로 전압은 각 저항에 걸리는 전압을 더한다
- 병렬 회로라면 전류는 나뉘고 전압은 각 저항에 똑같이 걸린다

이러한 성질에서부터 알 수 있는 점을 살펴보고 옴의 법칙을 사용하자. 옴의 법칙은 어떤 값을 구하는지에 따라 그림 18과 같이 변형할 수 있다.

그림 18 옴의 법칙

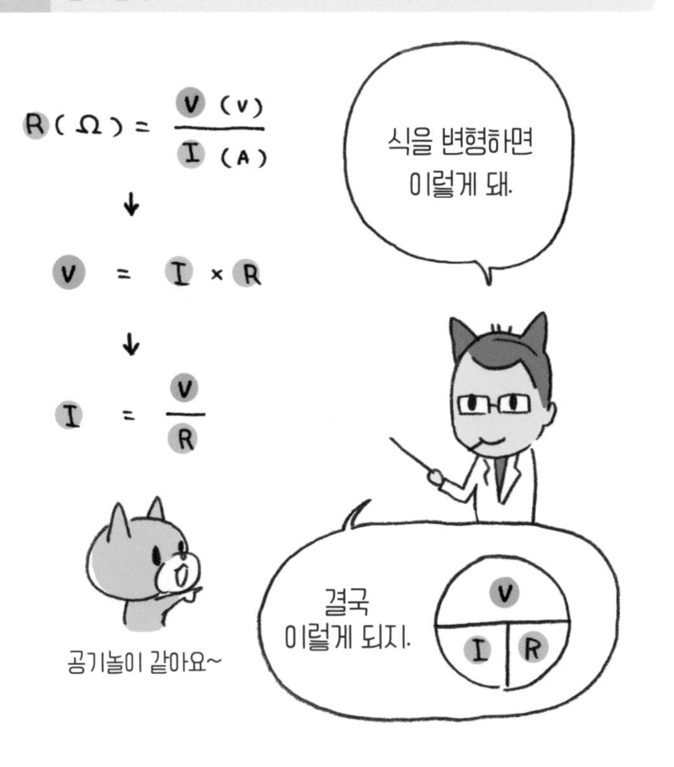

문제 1 아래 그림에서 전압계가 5V, 전류계가 2A를 나타냈다. R_1은 3Ω이다.

① R_1의 양 끝의 전압은 몇 V일까?

② R_2의 저항은 몇 Ω일까?

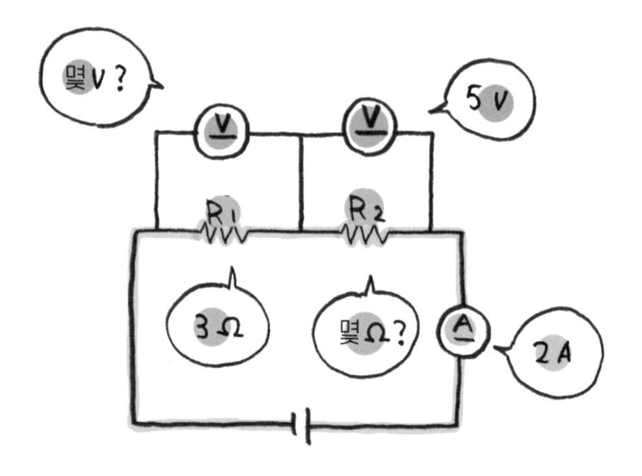

문제 2 아래 그림에서 전압계가 5V, 전류계가 3A를 나타냈다. R_1은 2Ω이다.

① R_1의 양 끝의 전압은 몇 V일까?

② R_1을 흐르는 전류는 몇 A일까?

③ R_2의 저항은 몇 Ω일까?

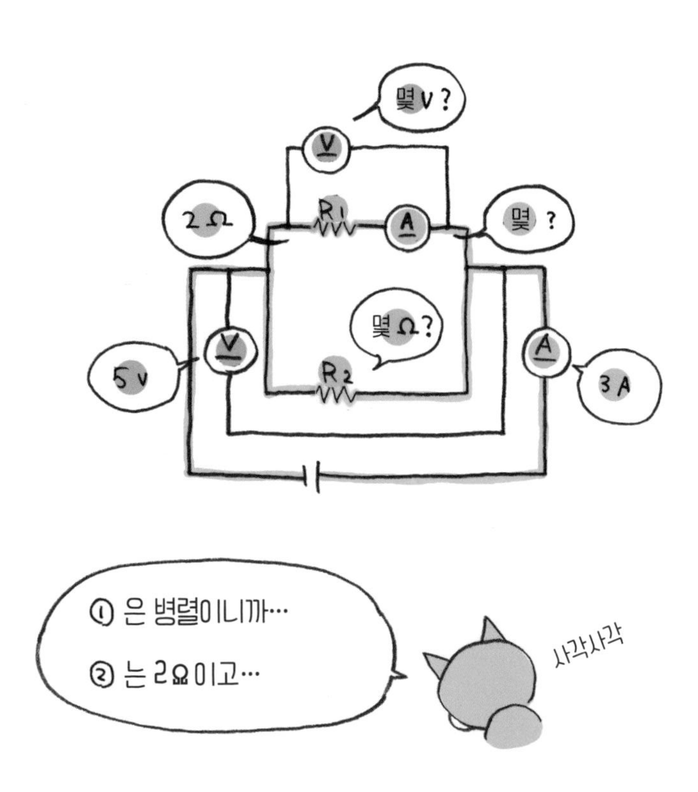

정답

문제 1　①: 6V　②: 2.5Ω

①: R_1에 2A가 흐른다→I와 R을 알 수 있으므로 V=I×R을 이용해 V를 구한다.

②: R_2에도 2A가 흐른다→V와 I를 알 수 있으므로 R을 구한다.

문제 2　①: 5V　②: 2.5A　③: 10Ω

①: R_1, R_2 모두 전원의 전압과 같은 5V가 걸린다.

②: R_1은 2Ω이고 5V가 걸린다는 사실에서 I를 구한다.

③: R_2에는 3A-2.5A=0.5A의 전류가 흐르고 5V의 전압이 걸린다. V와 I로 R을 구한다.

언제나 전기 조심!
언제나 전기 절약!

전류
S
N

제5장

전류로 자석을, 자석으로 전기를 만드는 법

물체에 전류가 흐르면 열이 발생한다. 가정에 있는 전선도 조금씩은 열을 발생시킨다. 이 발열량은 전류나 전압, 저항과 어떤 관계가 있을까? 또 전기와 자기의 밀접한 관계에 대해서도 알아보자.

·1· 전류가 흐르면 열이 발생해

전지에 구리선, 철선, 알루미늄 포일 등의 금속 선을 이어서 온도계의 동그란 부분을 감으면 온도계의 눈금이 점점 올라간다(그림 1). 전류가 흐르면 열이 발생하기 때문이다. **발열량은 전류와 전압 양쪽에 비례해 커진다.** 따라서 전류에 의한 발열량은 '전류×전압'이고, '전류×전압=전력'이다. 전력의 단위는 와트(W)로, 1A×1V가 1W다. 그리고 1kW=1,000W다.

전압을 V(V), 전류를 I(A)라 할 때 다음의 공식이 성립한다.

전력 P(W)=V(V)×I(A)

그림 1 전선의 발열

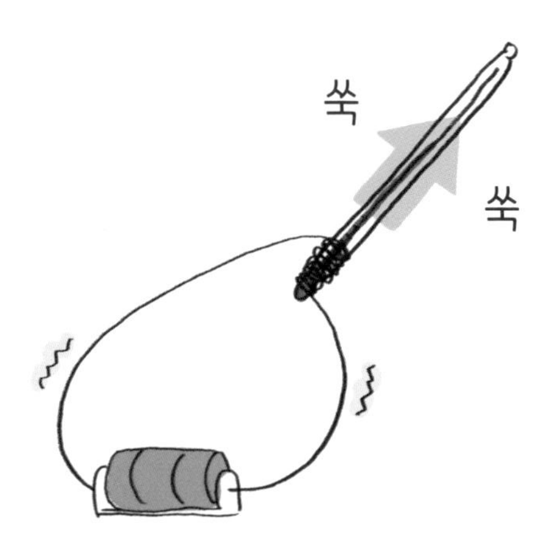

한편 실제 발열량은 전력뿐만 아니라 전류를 흘려보내는 시간에도 비례한다. 다시 말해 전류로 인한 발열량은 전력×시간에 비례한다. 발열량을 Q(J), 전력은 P(W), 시간을 t(초)라고 하면, 다음과 같은 관계가 성립한다.

$$Q(J)=P(W)\times t(초)$$

발열량을 Q(cal)라고 하면 1cal은 4.2J, 1J은 $\frac{1}{4.2}$=0.24cal이므로 Q(cal)=0.24P(W)×t(초)가 된다.

그런데 금속에 전류를 통하게 했을 때 왜 열이 발생하는 걸까? 금속의 미시적 구조를 떠올려보자. (+)전하를 지닌 원자 주변에 자유 전자가 떠돌아다닌다. 전압을 걸면 자유 전자는 일제히 (-)극에서 (+)극으로 금속 선 안을 활발하게 돌아다닌다.

그림 2 발열하는 이유

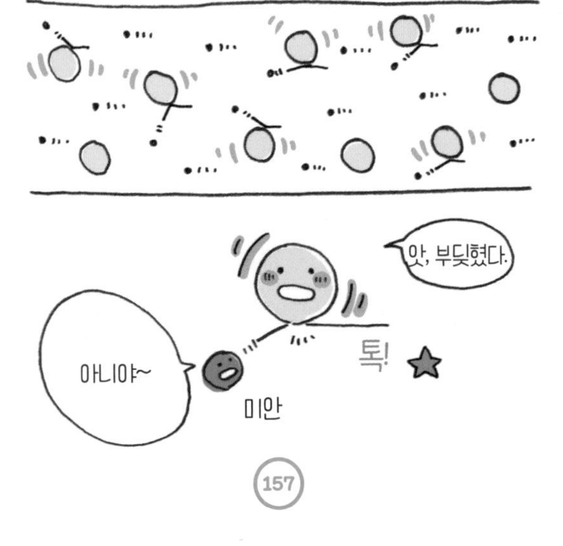

이때 자기 위치에서 부들부들 떠는 운동을 하고 있던 원자와 자유 전자가 쾅쾅 부딪힌다. 그러면 더욱 원자의 떨림 운동이 심해진다. 그래서 온도가 올라가는 것이다(그림 2).

전기 기구에는 '100V-500W'와 같은 표시가 있다. 이것은 '전압 100V를 걸면 500W의 전력을 소비하는 기구'라는 의미다. 그렇다면 이 기구를 썼을 때 기구에 전류는 어느 정도 흐를까? 또 이 기구의 저항은 몇 Ω일까?

이것은 100V일 때 500W라는 점과 전력의 공식 'P(W)=V(V)×I(A)'나 '옴의 법칙'을 이용해 풀 수 있다. 전력의 식에서 500=100×I이므로 I=5A가 된다. 이것으로 전압과 전류의 값이 나온다. 그리고 전압과 전류의 값을 이용해 옴의 법칙에서 저항을 구한다. R=100÷5=20이다.

문제 1 '100V-1000W'인 전기 기구의 저항은 몇 Ω인가? 또 이 기구는 1초 동안 몇 cal의 열량을 발생하게 할까?

문제 2 수온 25℃의 물 500g에 '100V-500W'인 히터를 넣어서 100℃로 온도를 높이려면 어느 정도 시간이 걸릴까?

● 공식을 이용해 발열량과 저항을 구해보자

문제 1은 앞에서 설명한 '100V-500W'와 같은 방식으로 풀 수 있다. 답은 저항이 10Ω, 열량이 0.24×1000×1=240cal이다.

문제 2는 조금 어렵다.

우선 물 100℃가 되는 데 필요한 열량을 구한다.

(가)cal다. 이것은 (가)×4.2J이다.

이 만큼의 열량을 히터가 만들어내야 한다. 'Q(J)=P(W)×t(초)'에서 구하는 시간을 t(초)로 해서 다음 식을 세운다.

(나)

이것을 풀면 시간을 구할 수 있다.

t=(다)초

각각의 답은 아래와 같다.

정답 가: 37,500

질량이 500g, 온도 변화가 100-25=75℃

열량=500×75=37,500cal

이것은 37,500×4.2J

나: 37,500×4.2J=500W×t초

다: 315

·2· 우리 집 전기 요금은 어떻게 계산할까?

우리가 가정에서 전기를 쓸 때, 전기 요금은 '전력'에 따라 내는 것이 아니다. 전력은 '전압×전류'이므로 몇 시간 사용해도 같은 값이다. '100V-500W'의 전기 기구를 몇 시간 사용해도 전력은 500W라는 값이다. 전력에 시간을 곱하지 않으면 사용한 전기의 에너지를 알 수 없다.

'전력×시간'을 '전력량'이라고 한다. 전력량은 전기 기구가 일정 시간에 소비한 전력이다. 단위는 와트에 초를 곱한 와트초(Ws)가 있는데, 실제 사용하기에는 작은 단위라서 보통 와트에 시간을 곱한 와트시(Wh)를 사용한다. 실제로는 킬로와트시(kWh)가 자주 쓰인다. 1kWh=1,000Wh다.

그림 3 전력량

전력량(Wh)=전력(W)×시간(h)

대체로 일반 가정에서는 하루에 몇 kWh, 한 달에 100kWh 정도의 전력을 소비한다.

문제 매일 3분씩 1,000W의 헤어드라이어를 썼을 때, 1년간(365일) 드는 전기 요금은 얼마일까? 단, 1kWh=200원으로 계산해보자.

정답 3,650원

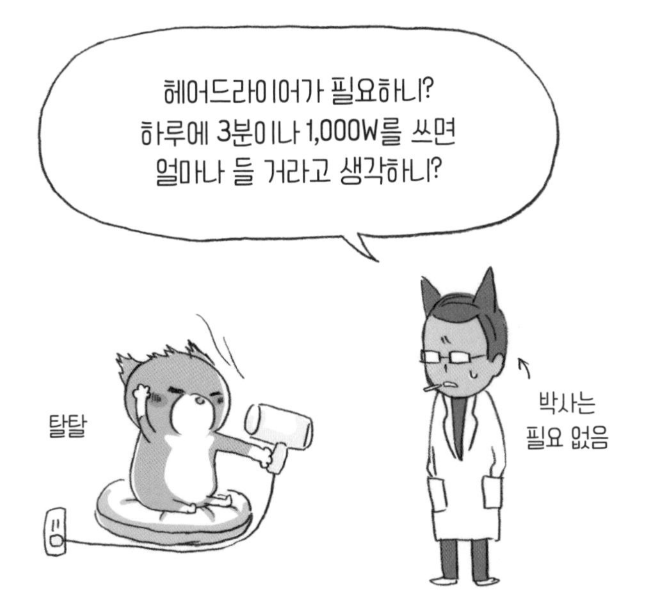

• 3 • 주위에서 쉽게 찾을 수 있는 자석과 자기장

냉장고 문을 닫는 부분이나 모터, 스피커에는 자석이 쓰인다(그림 4). 또 신용카드, 통장 등에도 자기를 띠는 성질을 가진 물질(자성체)이 사용된다.

자석의 성질을 항상 띠는 물질을 '영구 자석'이라고 한다. 소형이라도 강력한 영구 자석이 있으면 모터나 스피커를 소형화할 수 있다. 들고 다니기 좋은 전자 기기가 등장한 이면에는 이러한 자석의 개발이 있다.

그림 4 우리 주변에서 사용되는 자석

● 자기장, 자기력이 작용하는 공간

자석 주변에 쇠로 된 물체를 놓으면 떨어져 있다가도 달라붙는다. 자석 주변은 자기력이 작용하기 때문이다. 이 자기력이 작용하는 공간을 '자기장'이라고 한다.

자기장 속에 나침반을 놓으면 같은 장소에서는 항상 일정한 방향을 가리킨다. 이때 나침반의 N극 방향이 자기장의 방향이다. 자기장 방향을 선으로 나타내면 나침반을 놓았을 때, N극이 어느 쪽을 향하는지 한눈에 알 수 있다. 자기장 안의 각 점에서 자기장의 방향을 나타내는 선을 '자기력선'이라고 한다. 자석의 주변에 철 가루를 뿌려도 마치 자기력선을 그린 것처럼 철 가루가 늘어선다.

자석의 자기장은 진공 상태나 공기 중은 물론, 나무나 유리, 구리나 알루미늄 등의 금속으로 막힌 곳에도 영향을 미친다(그림 5).

그림 5 종이가 있어도 자기력은 작용한다

● 철도 자석이 될 수 있어

자기장 속에 철을 두면 철은 자석이 된다. 이런 현상을 '철이 자기화되었다'고 표현한다. 자석의 N극에 못 머리를 가까이하면 못은 자기화되어 못 머리가 S극, 끝이 N극인 자석으로 변해 서로 당긴다(그림 6).

신용카드 등의 자기카드에는 철분이 담겨 있고, 그 철분을 원하는 자석으로 변화시켜 철에 특정한 정보를 담는다.

그림 6 자기화

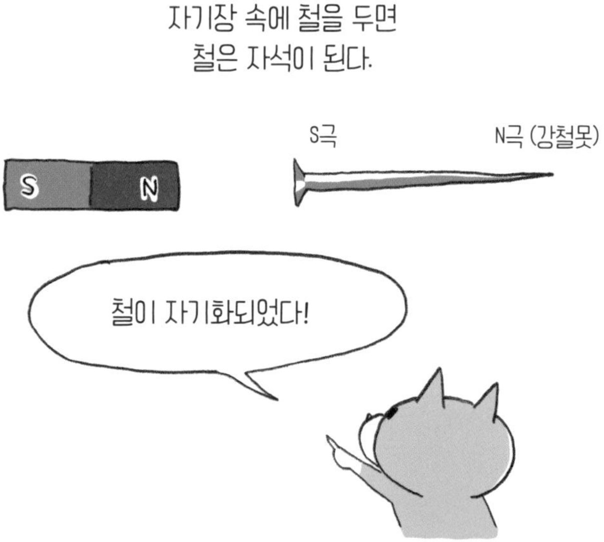

자기장 속에 철을 두면
철은 자석이 된다.

S극

N극 (강철못)

S N

철이 자기화되었다!

◎ 지구도 자석 ◎

지구도 큰 자석이므로 주변에는 자기장이 있고 나침반이 그 자기장을 따라 늘어선다. 지구 자석에서는 북극 근처(북아메리카 대륙 북단)에 S극, 남극 근처에 N극이 있다. 그래서 나침반의 N극이 북쪽을 가리키는 것이다.

신기하게도 이 지구 자석의 자기장은 역전한다. 최근 2,000만 년 정도는 약 20만 년에 한 번꼴로 역전이 일어났다. 자기장이 역전한다는 것은 나침반이 완전 반대 방향을 향하게 됨을 말한다.

이런 사실을 알게 된 건 자철광 덕분이었다. 자철광(사철은 자철광이다)은 작은 자석이 모인 것이므로 이것을 자기장 속에 넣으면 자기장 방향을 따라 가지런히 고정된다. 화산에서 나오는 용암에도 자철광 성분이 포함되어 있다. 고온일 때는 작은 자석으로 제각각 존재하지만, 차가워지면 지구의 자기장 방향으로 전체가 모여 자석이 된다. 따라서 용암이 굳어서 생긴 암석의 자기장을 알아보면 당시 지구의 자기장을 유추할 수 있다(왜 지구가 자석인지는 설명하기 대단히 어려운 문제다).

그림 7 지구의 자기력

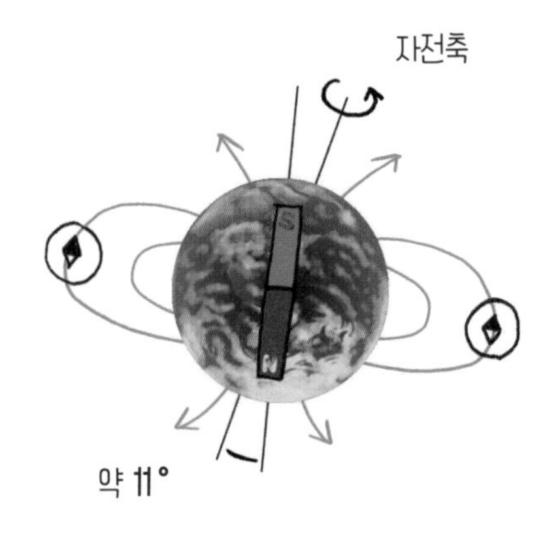

·4· 전류로 자석을 만들 수 있다고?

전자석은 철심에 코일을 감은 것으로, 코일을 따라 전류를 흐르게 하면 일시적으로 자석이 된다. 전자석에서 철심을 빼면 자기력이 약해지지만, 코일 주변에는 이미 자기장이 형성되어 있다. 즉, 도선에 전류가 흐르면 자기장이 생긴다는 사실을 알 수 있다.

직선으로 된 전류는 주변에 빙그르르 한 바퀴 자기장이 생긴다. 이때 자기장의 방향은 그림 8처럼 전류가 흘러가는 쪽으로 향하는데, 시계의 침이 돌아가는 방향과 같다. 또 오른나사를 박을 때 오른나사가 나아가는 방향을 전류의 방향이라고 한다면, 오른나사가 도는 방향이 자기장의 방향이 된다.

코일에서는 직선 전류가 만드는 자기장이 서로 겹쳐서 그림 9와 같은 자기장이 된다. 전류가 흐를 때만 자석이 되는 전자석은, 전류를 강하게 하면 영구 자석보다 더욱 강력한 자석이 될 수 있다.

그림 8 전류와 자기장

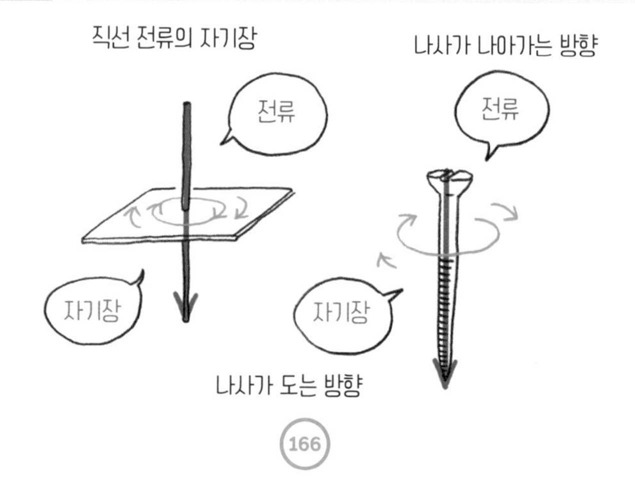

전자석과 영구 자석은 다음과 같은 공통점이 있다.

- 철을 끌어당긴다
- N극, S극이 생긴다
- 다른 극끼리는 끌어당기고 같은 극끼리는 밀어낸다

전자석은 영구 자석에 없는 다음의 특징이 있다.

- 전류가 흐를 때만 자석이 된다
- 전류의 방향으로 N극과 S극의 방향이 바뀐다
- 전류를 크게 하거나 코일을 감는 숫자를 늘리면 강한 전자석이 된다

그림 9 코일과 자기장

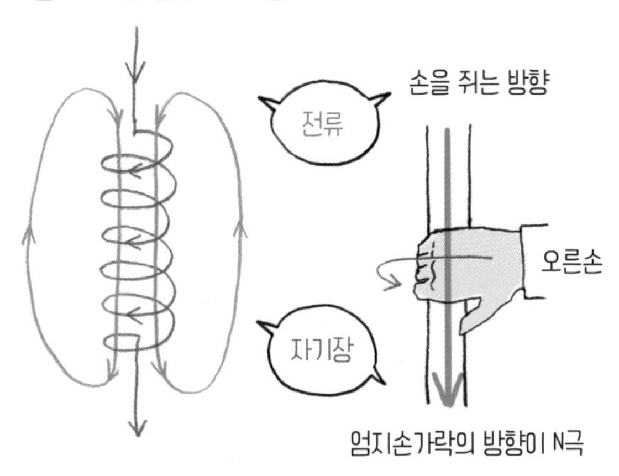

·5· 전기 모터가 작동하는 원리

'전기 그네'라는 것이 있다. 그림 10과 같이 자기장 속에 있는 도선에 전류를 흘려보내면 도선이 어떨 때는 오른쪽으로, 어떨 때는 왼쪽으로 움직인다. 전류 방향으로 움직이는 방향이 달라지는 것이다. 다시 말해, 자기장 속에서 전류가 힘을 받는다고 할 수 있다.

이것이 모터의 원리다. 모형용 직류 모터를 분해하면 자석에 낀 코일이 있는데, 그 코일에 전류를 흘려보내면 자석의 자기장 속에서 힘을 받아 회전한다.

전류, 자기장, 힘의 각각의 방향 사이에는, **'플레밍의 왼손 법칙'**이라 불리는 관계가 있다(그림 11). 크룩스관에 고전압을 걸어 음극선을 발생시키고 자석을 가까이 대면 음극선이 구부러진다. 음극선은 전자의 흐름이다. 전류를 흘려보낸 도선이 자기장 안에서 힘을 받는 것은, 그 속에 있는 전자의 흐름이 힘을 받기 때문이다.

그림 10 전기 그네

그림 11 플레밍의 왼손 법칙

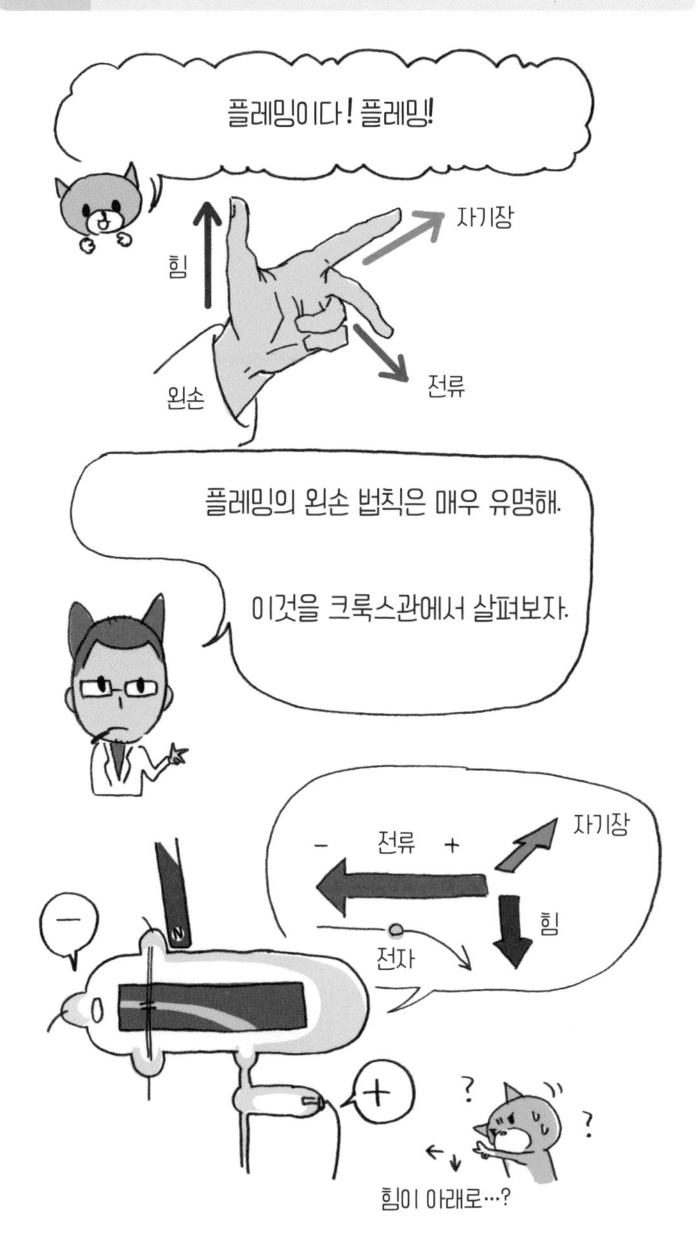

◎ 스피커의 원리 ◎

'자기장 속에서 전류가 힘을 받는다'는 사실을 이용한 물건 중에는 스피커가 있다. 스피커는 앰프 등에서부터 전해진 전류를 공기 중에 소리로 방출하는 장치다. 스피커는 자석, 코일, 진동판으로 이루어진다. 자석을 둘러싸듯이 코일이 감겨 있는데, 이 코일은 진동판에 붙어 있다. 코일에 전류가 흐르면 코일은 자석에서 힘을 받아 움직인다. 이때 코일에 이어져 있는 진동판도 함께 움직인다. 코일에 흐르는 전류를 크게 하면 진동판의 움직임은 커지고, 작게 하면 진동도 작아진다.

반대 방향으로 전류가 흐르면 당연히 반대 방향으로 진동판은 움직인다. 오디오 기기에서 스피커로 강약이나 방향이 변하는 전기 신호가 오면 그 신호에 따라서 코일이 힘을 받아 움직이고, 진동판이 움직여 공기를 진동시켜 음성이나 음악이 들리게 된다.

그림 12 스피커의 구조

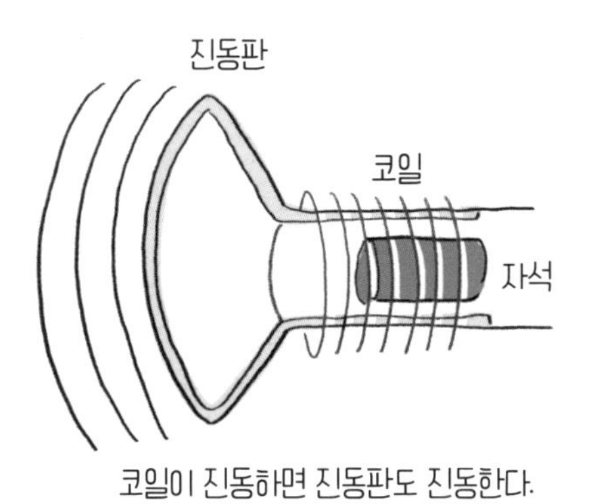

코일이 진동하면 진동판도 진동한다.

·6· 자석으로도 전기를 만들 수 있다고?

전류가 흐르지 않는 폐쇄된 코일에 자석을 가까이하거나 멀리하면 코일에 전류가 흐른다. 코일 안에 자기장이 변화하면서 코일에 전류가 흐르는 것이다. 이 현상을 '전자기 유도'라고 한다(그림 13). 또 이때 흐른 전류를 '유도 전류'라고 한다. 유도 전류는 자기장이 변화했을 때만 생기고, 자석이 멈춘 상태 등 자기장의 변화가 없을 때는 생기지 않는다. 또 변화가 빠를수록 큰 전류가 생긴다.

그림 13 전자기 유도

● 발전기의 원리는 전자기 유도

1831년 마이클 패러데이(Michael Faraday)가 발견한 이 현상은 오늘날 전 세계에 공급되는 전기의 기초가 되었다. 자석과 코일이 있으면 전류를 일으킬 수 있다. 실제로 자전거 발전기를 분해하면 자석과 코일이 들어 있다.

직류 모터 역시 자석과 코일이 들어 있다. 모터를 사용해서 전류를 일으킬 수 있을까? 모터의 축을 돌리면 자석의 자기장 안에서 코일이 회전한다. 코일을 기준으로 생각하면 코일 주변의 자기장이 변화하고 있다. 직류 모터가 발전기가 되는 셈이다.

우리가 가정에서 사용하는 전기는 발전소에서 만들어진다(그림 15). 발전소는 거대한 자석(사실은 전자석으로, 이에 사용되는 전류 역시 발전소에서 만든 것이다) 속에서 거대한 코일을 물의 힘이나 고온 · 고압인 수증기의 힘으로 돌려서 전기를 만든다.

그림 14 자전거 라이트의 발전기

그림 15 전기를 만드는 전자기 유도

수력 발전

발전용 수차가 회전하면서
전기가 발생한다.

원자력 발전

핵분열로 발생한 열로
원자로 내의 물을 끓인다.
이때 나온 증기로
터빈이 돌면서 전기가 발생한다.

화력 발전

화석 연료 등을 태워서
물을 끓인다.
이때 나온 증기로
터빈이 돌면서 전기가 발생한다.

풍력 발전

자연 바람의 힘으로
발전기가 돌면서
전기가 발생한다.

전자기 유도 등을 발견한 패러데이는 가난한 대장장이의 아들이었다. 그는 초등학교를 졸업한 뒤 12세 때 서점과 제본을 겸업하던 가게에 제본공으로 들어갔다. 그곳에서 제본 실력을 익히며 제본 공정에 들어오는 원고를 닥치는 대로 읽었다. 특히 그의 흥미를 끈 것은 자연과학책이었다.

그는 책을 참고하며 얼마 되지 않는 용돈으로 실험 재료를 사서 여러 가지 실험을 했다. 당시 런던에서 유명했던 왕립연구소의 화학자인 험프리 데이비(Humphrey Davy)의 연속 강연회를 듣고 난 뒤로는 더욱 과학에 흥미를 보였다. 그는 강연 기록을 깨끗하게 옮겨써서 정성껏 책으로 만들었다. 데이비에게 이 책과 함께 편지를 써서 보낸 일을 계기로 그는 데이비의 실험 조수가 되었다. 그가 22세 때의 일이다. 패러데이는 연구 기록을 일기로 써서 남겼다. 덕분에 40년에 걸친 그의 연구 과정을 기록으로부터 추적할 수 있다.

1820년 한스 크리스티안 외르스테드(Hans Christian Ørsted)는 전류가 자석에 영향을 미친다는 사실을 발견했다. 그 발견에 자극을 받은 패러데이는 외르스테드와 반대되는 실험, 즉 자석에서 어떠한 전기적 효과를 얻을 수 없는지 각종 실험을 시도했다. 철로 된 고리의 떨어진 두 부분에 각각 다른 전선을 코일 형상으로 감고, 한쪽의 코일을 볼타 전지로 이어서 전류를 흘려보낸다. 그러면 원래 코일에 전류를 흘려보내거나 끊거나 하는 순간만 다른 코일 안에도 전류가 흐른다는 사실을 알아냈다. 또한 패러데이는 전자석을 사용하는 대신 도선의 코일에 봉자석을 넣거나 뺀 상태에서도 같은 결과를 얻었다. 이렇게 해서 패러데이는 오늘날 전기 문명의 초석이 되는 전자기 유도, 즉 발전기의 원리를 발견했다.

34세의 나이로 왕립연구소의 연구실 주임이 된 이후, 스승 데이비의 뒤를 이어서 일주일에 한 번 일반인을 대상으로 하는 과학 강연회를 맡았다. 특히 매년 크리스마스에는 아이들을 상대로 강연회를 열었다. 말년이 되어서도 아이들을 대상으로 하는 이 크리스마스 강연회는 쉬지 않았다. 그중에서도 유명한 것은 1860년, 패러데이가 69세 때 했던 연속 강연이다. 이것은 《촛불의 과학(The Chemical History of a Candle)》이라는 책으로 정리되어 지금도 전 세계의 많은 사람에게 사랑받고 있다.

제6장

우리 주위에 작용하고 있는 힘

다들 한 번쯤은 '관성 법칙'에 대해 들어봤을 것이다. 이는 우리 생활 속에 언제 어디서나 존재하지만, 마찰력에 숨어 보이지 않는 물체의 성질이다. 또한 우리는 지구가 계속 공전과 자전을 하고 있는 사실을 알고 있다. 그렇다면 지구가 왜 끊임없이 움직이는지 생각해본 적이 있는가? 이 장에서는 운동과 힘의 관계에 대해서 살펴보자.

·1· 두 개의 힘을 하나로 합치면?

물체가 둘 이상의 힘을 받을 때, 이 둘 이상의 힘과 똑같은 효과를 나타내는 하나의 힘은 어떻게 구할 수 있을까? 둘 이상의 힘을, 같은 작용을 하는 하나의 힘으로 모으는 것을 '힘의 합성'이라 하고, 모은 하나의 힘을 '합력'이라고 한다. 힘의 합성은 간단하게 말하자면 '힘의 덧셈'이다. 그리고 힘의 덧셈은 '1+1=2'가 되지 않을 때도 있는 독특한 덧셈이다.

문제 같은 질량의 물체를 두 사람이 들 때를 생각해보자. 팔에 작용하는 힘은 어떻게 될까?

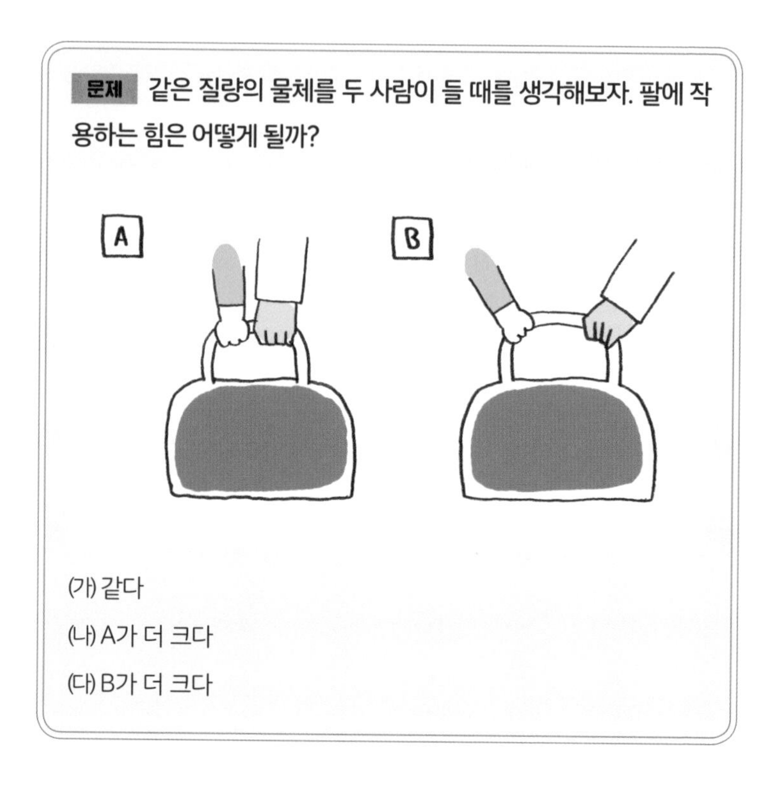

(가) 같다

(나) A가 더 크다

(다) B가 더 크다

이 문제를 풀기 위해서는 두 가지 힘의 덧셈(두 힘의 합성) 방법을 알아야 한다. 두 힘을 두 변으로 하는 평행사변형을 만들고 작용점에서 대각선을 그으면 그 대각선의 힘이 두 힘의 합력이 된다. 이것을 '힘의 평행사변형 법칙'이라고 한다(그림 1). 각도가 0도일 때, 즉 두 힘이 같은 직선상에서 같은 방향일 때는 일반적인 덧셈처럼 두 힘을 더하면 된다. 각도가 180도일 때, 즉 두 힘이 반대 방향일 때는 '큰 힘-작은 힘'만큼의 힘이 큰 힘의 방향으로 작용한다.

앞 문제로 다시 돌아가보자. 실제로 두 사람의 팔이 얼마나 벌어졌는가에 따라서 팔에 작용하는 힘이 전혀 달라진다. 각도가 클수록 팔에 작용하는 힘이 커진다. 정답은 '(다)'다. 물체가 같으므로 물체를 드는 힘도 같다. 따라서 두 힘을 더한 것은 물체를 드는 힘과 같아진다. 각도가 크게 벌어져 있으면 각도가 작을 때보다 각각 팔에 가해지는 힘이 더 커져야 물체를 들 수 있다.

그림 1 힘의 평행사변형 법칙

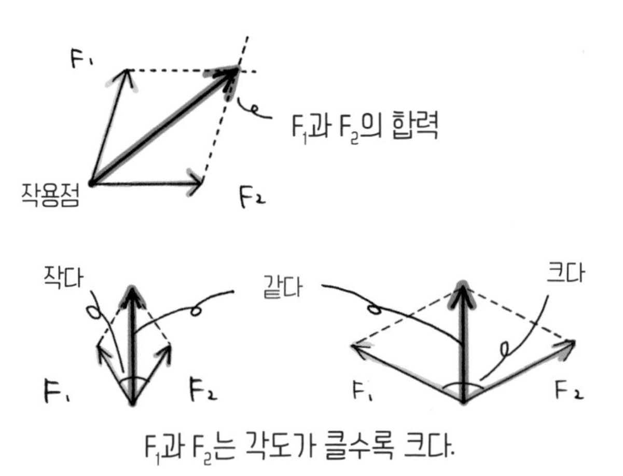

• 2 • 하나의 힘을 두 개로 나누면?

하나의 힘을 2개의 힘으로 나눌 수도 있다. 이것을 '힘의 분해'라고 하고(그림 2), 분해해서 생긴 두 힘을 '분력'이라고 한다.

힘의 분해는 정확히 힘의 합성과 반대다. 그러므로 앞의 문제를, 하나의 힘(물체를 드는 힘)을 각각의 팔에 걸리는 힘으로 분해하는 경우로 생각하면 된다. 힘의 합성과 분해의 차이는, 힘의 합성에서는 두 힘의 합력이 하나밖에 없지만 힘의 분해에서는 두 힘의 각도에 따라 무수히 많은 분력을 생각해낼 수 있다는 점에 있다. 물론 각도가 정해져 있다면 한 쌍의 분력만 나온다. 예를 들어 경사면에 있는 물체라면 물체에 작용하는 중력을 '경사면을 따라 작용하는 힘'과 '경사면에 수직인 힘'으로 나누어 방향을 지정한다. 그러면 분력은 한 쌍으로 정해진다.

그림 2 힘의 분해

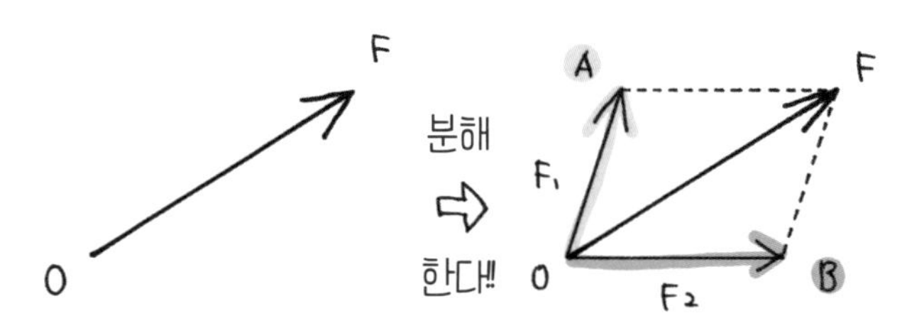

힘 F가 평행사변형으로 분해된다.

·3· 걷게 하는 힘, 마찰력

정지해 있는 물체가 힘을 받아도 움직이지 않는다면 반대 방향으로 같은 크기의 힘을 받고 있는 것이다. 이때 '두 힘이 균형을 이룬다'고 말한다. 만일 정지한 물체가 힘을 받아 움직이기 시작했다면 하나의 힘을 받고 있거나, 두 힘을 받고 있지만 물체가 움직이기 시작한 방향으로 받는 힘이 더 큰 경우다.

끈이나 용수철에 매달린 채 정지한 물체에는 중력과 물체가 끈이나 용수철에서 당겨지는 힘 2개가 작용하며 균형을 이루고 있다. 책상 위의 물체는 중력과 책상이 받쳐 올리는 힘 2개가 작용하며 균형을 이룬다.

문제 바닥 위에 놓인 물체(질량 200kg)를 약 98N의 힘으로 밀어도 움직이지 않았다. 이 물체에는 중력과 바닥이 받쳐 올리는 힘, 사람에게 밀리는 힘 이외에 어떤 힘이 어느 방향으로 작용하고(어떤 힘을 어느 방향으로 받고) 있을까?

● 운동 방향과 힘에 반대로 작용하는 마찰력

책상 위에서 책을 손가락으로 밀어보자. 처음에는 책이 움직이지 않는다. 이것은 책과 책상 사이에 작용하는 마찰력 때문이다. 책을 민 힘과 똑같은 크기의 마찰력이 작용하고 있어서 힘이 균형을 이루는 것이다. 미는 힘이 점점 커지면 책은 결국 움직이기 시작한다. 책이 움직이고 있을 때도 마찰력은 작용한다. **마찰력은 운동의 방향과는 반대로 작용하는데**, 항상 물체의 운동을 멈추거나 늦추도록 작용한다.

정답 아래 그림과 같이 물체와 바닥 사이에 미는 방향과 반대 방향으로 98N의 마찰력이 작용한다.

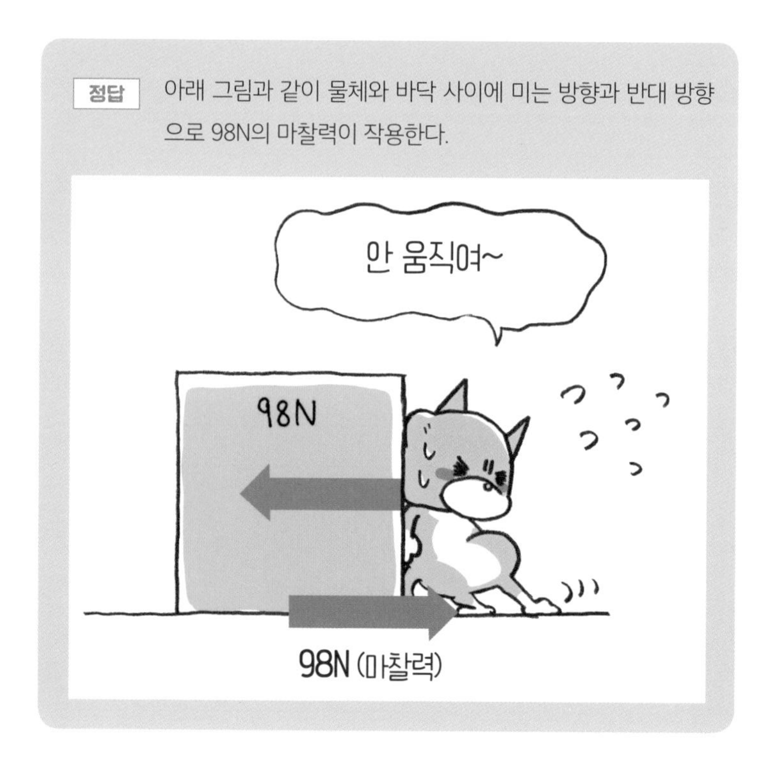

• 일상 속의 마찰력

알게 모르게 우리는 일상생활에서 마찰의 원리를 이용한 물건을 많이 사용하고 있다. 가령, 타이어나 신발의 굴곡은 마찰을 크게 해서 미끄러지는 것을 방지한다(그림 3). 또한 우리가 걸을 수 있는 것도 지면과의 마찰 덕분이다.

• 마찰을 줄이는 방법

움직이는 물체와 그 주변의 공기 사이에 생기는 마찰을 '공기 저항'이라고 한다. 자동차나 고속열차의 모양은 공기가 부드럽게 흘러 공기 저항이 작아지도록 디자인된 것이다(그림 3).

그림 3 마찰과 형태

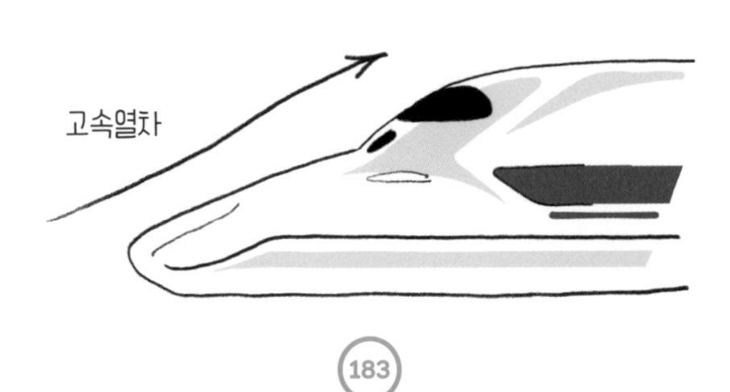

·4· 세 힘이 균형을 이룰 때

어떤 물체에 서로 다른 두 방향으로 밧줄을 매단다고 생각해보자(그림 4). 각각의 밧줄이 당기는 힘을 F_1, F_2라고 한다. 물체를 어떤 높이로 들어 올려서 정지시켰을 때, 물체에 작용하는 힘은 분명 균형을 이룬다. 이때는 F_1과 F_2의 합력은 물체의 중력과 크기가 같고 방향은 반대다.

물체에 작용하는 세 가지 힘이 여러 방향을 향하더라도 각 힘이 균형을 이루고 있다면 이 중 두 힘의 합력은 나머지의 힘과 크기가 같고 방향은 반대를 이룬다.

그림 4 세 힘의 균형

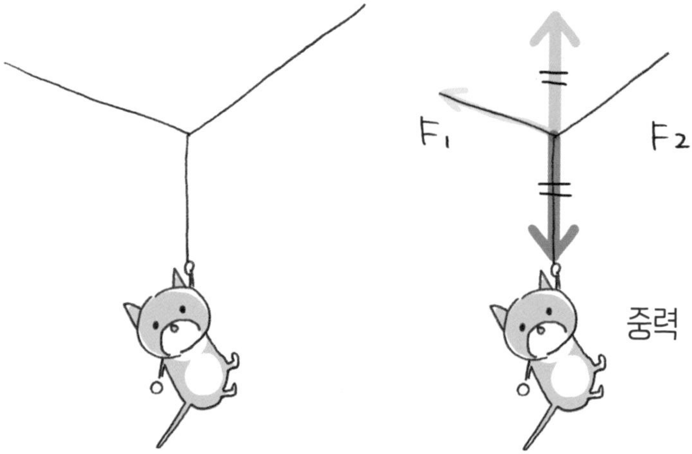

·5· 띄우는 힘, 부력

물속에서 물체를 들면 실제보다 가볍게 느껴진다. 이것은 물속에서 중력이 작아졌기 때문이 아니다. 물속에서도 물체가 지구로부터 받는 중력은 같다. 하지만 물속에 있는 물체는 위쪽으로 '부력'이라는 힘을 받고 있어서 그만큼 가볍게 느껴지는 것이다. 물 위에 떠 있는 물체에는 아래쪽으로 중력, 위쪽으로 부력이 작용한다. 이 두 힘이 균형을 이뤄서 정지해 있는 것이다.

물속에 물체가 전부 잠겨 있을 때, 부력의 크기는 다음과 같이 구할 수 있다.

부력=공기 중에서 잰 질량 - 물속에서 잰 질량

이렇게 부력의 크기를 재보면, 물속에서 물체의 부피로 인해 부력의 크기가 정해진다는 사실을 알 수 있다. 물속에 있는 물체의 부피가 $A\text{cm}^3$라면 부력은 $\frac{9.8}{1000}A$ N(뉴턴)이다. '액체 속에 있는 물체는 그 물체가 밀어낸 액체의 무게와 같은 부력을 받는다'라는 아르키메데스의 원리에 따라 물 $A\text{cm}^3$의 무게인 $\frac{9.8}{1000}A$ N과 같은 부력을 받는다고 말할 수 있다.

·6· 운동하는 물체엔 속력이 있어

지금까지 주로 정지한 물체와 힘의 관계를 알아봤는데, 지금부터는 운동하는 물체와 힘의 관계를 배워보자. 힘의 역할 중 하나는 다음과 같다.

물체의 운동 상태(속력, 방향)를 바꾼다

우선 속력부터 살펴보자(그림 5). '준비 시작!' 하는 구령과 함께 30m를 달리기 시작했다. 처음에는 느려도 속력이 점점 빨라진다.

그림 5 속력의 공식

$$속력(m/s) = \frac{거리(m)}{시간(s)}$$

즉, 시작했을 때는 속력이 0이었지만 점점 커진다. A 학생은 딱 5초만에 30m를 뛰었다. 5초에 30m이니까 속력은 30÷5=6m/s로 구할 수 있다. 이 속력은 '평균 속력'이다. 이 속력으로 30m의 거리를 달린다는 이야기다.

실제로는 시작에서 도착 지점 사이에 속력이 순간순간 변한다. 이것을 '순간 속력'이라고 하는데, 아주 짧은 시간에 이동한 거리를 바탕으로 구한다(그림 6). 야구 경기에서 볼 수 있는 속력측정기의 값은 순간 속력이다.

그림 6 순간 속력과 평균 속력

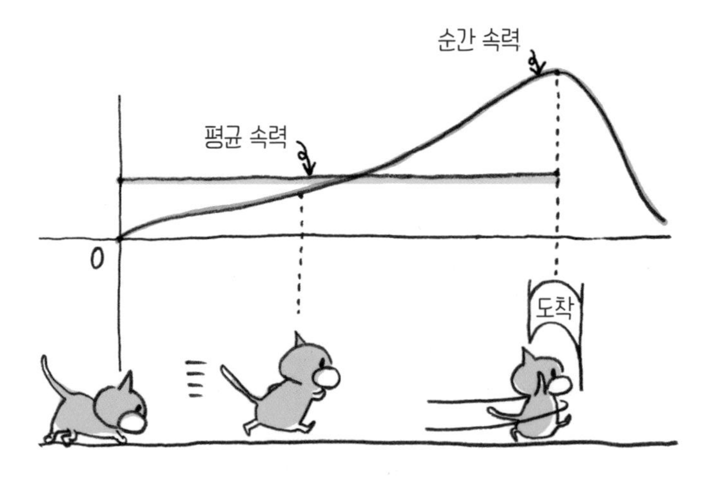

● 내가 움직이는 걸까? 풍경이 움직이는 걸까?

움직이는 차 안에서 창밖을 보면 풍경이 차 뒤로 달리고 있는 듯이 보인다. 또 옆에서 비슷한 속력으로 같은 방향으로 달리는 차를 보고 있으면 내가 탄 차가 움직이지 않는 것처럼 보이기도 한다(그림 7).

물체의 운동 속력은 기준에 따라서 달라진다. 무엇을 기준으로 할지는 무엇을 움직이지 않는 것으로 볼 것인지와 같다. 보통은 지면, 또는 지면에 정지한 물체, 건물 등을 기준으로 한다.

그림 7 운동의 기준

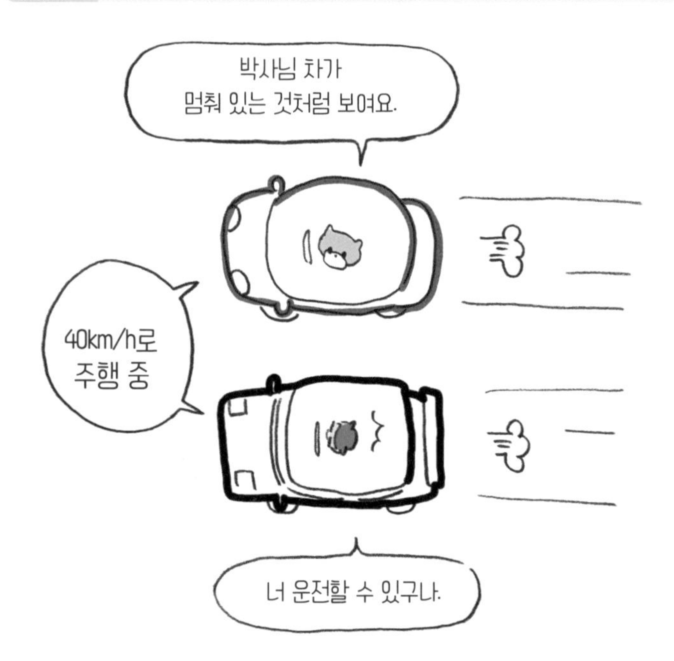

·7· 물체를 아래로 떨어뜨릴 때

문제 처음엔 빨대 1개, 그다음엔 빨대 2개를 연결해서, 빨대 안에 성냥을 넣어 밖으로 불어보자. 어느 쪽이 더 멀리 날아갈까?

(가) 비슷하다

(나) 빨대가 1개일 때

(다) 빨대가 2개일 때

● 힘을 계속 받으면 점점 빨라져

답은 (다)로, 빨대가 2개일 때 훨씬 멀리까지 난다. 빨대 길이가 더 길어서, 불어넣는 숨을 통해 성냥이 힘을 계속 받기 때문이다.

멈춰 있던 물체는 힘을 받으면 움직이기 시작한다. 힘을 더 받으면 속력이 커진다. 힘을 계속 받으면 점점 빨라진다. 힘은 속력을 바꾸는 근원이기 때문이다.

물체를 들고 있다가 어떤 높이에서 손을 놓는다고 가정해보자. 물체는 떨어진다. 이때 0.1초와 같이 일정한 시간 간격을 두고 찍는 다중 섬광 사진이나 일정한 시간 간격으로 테이프에 점이 찍히는 시간기록계를 통해서 물체의 낙하 운동을 알아볼 수 있다. 낙하 운동은 일정한 시간 간격으로 점점 움직인 거리가 커지는 운동이다. 이때 물체가 받는 것은 (공기의 저항력을 무시한다면) 중력뿐이다. 중력이 아래쪽으로 계속 작용하므로 물체는 아래쪽으로 갈수록 빨라진다.

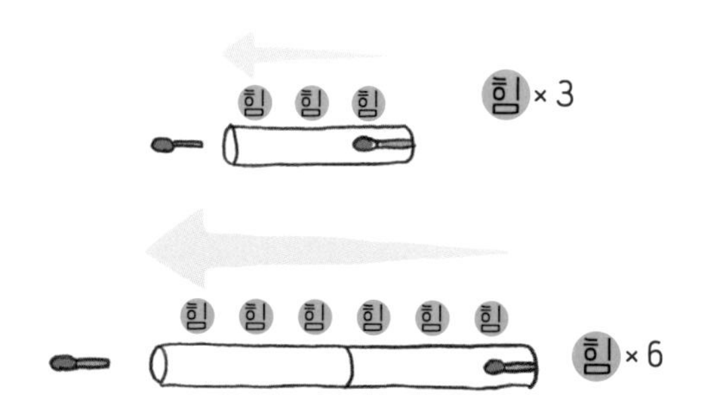

성냥개비는 빨대 속에 있을 때,
불어넣는 숨으로부터 힘을 계속 받는다.

● 경사면을 내려오는 물체의 운동

경사면 위에 물체가 내려올 때도 낙하 운동(그래프 1)과 비슷한 운동을 한다. 마찰이 없다고 가정하면 경사면 위의 물체(손수레)가 경사면을 내려올 때는, 물체에 작용하는 중력의 경사면에 따르는 방향의 분력과 같은 크기의 힘이 계속 작용한다. 따라서 점점 빨라지는 운동을 한다. 반대로, 운동하는 방향과 반대 방향의 힘이 작용하기 시작하면 물체의 운동 속력은 점점 느려진다.

그래프 1 낙하 운동에서의 시간과 거리, 시간과 속력과의 관계

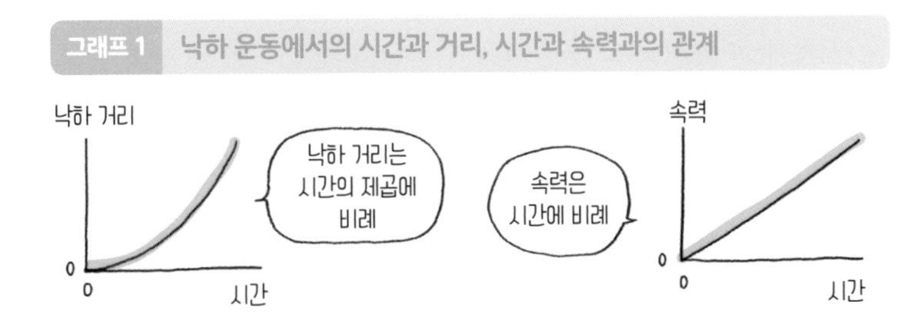

◎ 질량이 다른 물체를 떨어뜨리면? ◎

골프공과 탁구공을 1.5m 높이에서 떨어뜨리면 어느 쪽이 먼저 떨어질까? 실제로 해보면 동시에 떨어진다. 이 정도 높이에서는 공기의 저항력을 무시할 수 있기 때문이다. 훨씬 높은 곳에서 던진다면 큰 차이가 난다. 하지만 진공 속이라면 어떤 높이에서 떨어뜨려도 동시에 떨어진다.

·8· 우주에서 공을 던지면 어떻게 될까?

'물체는 외부에서 힘이 작용하지 않거나 합력이 0이면 정지한 물체는 계속 정지한 채로 있으려고 하고, 운동하는 물체는 등속 직선 운동을 하려고 한다.' 이것을 '관성 법칙'이라고 한다.

등속 직선 운동이란 속력이 일정하고 일직선으로 나아가는 운동이다(그래프 2). 그래서 등속 직선 운동에서 이동 거리는 시간에 비례해 커지고, 속력은 시간에 상관없이 일정하다.

자전거 탈 때를 떠올려보자. 페달을 밟아 힘을 더하고 있는데(이것이 토대가 되어 타이어가 지면을 뒤쪽으로 밀기 때문에 앞으로 나아간다), 점점 빨라지지 않고 일정한 속력으로 나아갈 때가 많다. 이것은 앞을 향하는 힘에 대해서 타이어와 지면 사이에 작용하는 뒤쪽의 힘, 다시 말해 마찰력이 작용하여 균형을 이루기 때문이다.

일상생활 공간에서는 거의 모든 물체에 마찰력이 존재하므로 등속 직선 운동을 계속하는 물체를 만날 일은 거의 없다. 하지만 어떤 물체든 관성을 지니고 있고, 관성 법칙은 어디서나 성립한다. 마찰력 때문에 그렇게 보이지 않을 뿐이다.

● 우주는 등속 직선 운동의 세계

지구 밖으로 눈을 돌리면 마찰력이 거의 없는 세계가 있다. 바로 우주 공간이다. 우주 로켓은 지구의 중력권을 탈출하는 데 연료를 쓰는데, 일단 탈출하고 나면 연료를 사용하지 않고 관성으로 언제까지나 등속 직선 운동을 계속한다. 그러고 나면 목적지인 별에 착륙할 때 역분사만 하면 된다.

지금 있는 자리에서 바로 위로 뛰어올라보라. 같은 장소로 다시 떨어질 것이다. 지구의 자전은 약 1,400km/h라는 어마어마한 속력으로 이루어진다. 그런데도 같은 장소에 떨어지는 것은 뛰어올라도 지구의 자전과 똑같은 속력을 유지하기 때문이다. 전철 안에서 뛰어올랐을 때도 마찬가지다. 전철이 급정차하면 앞으로 몸이 쏠리는 것은 브레이크를 밟기 전의 운동 상태를 계속 유지하려고 하기 때문이다.

그래프 2 등속 직선 운동에서 거리와 시간, 속력과 시간의 관계

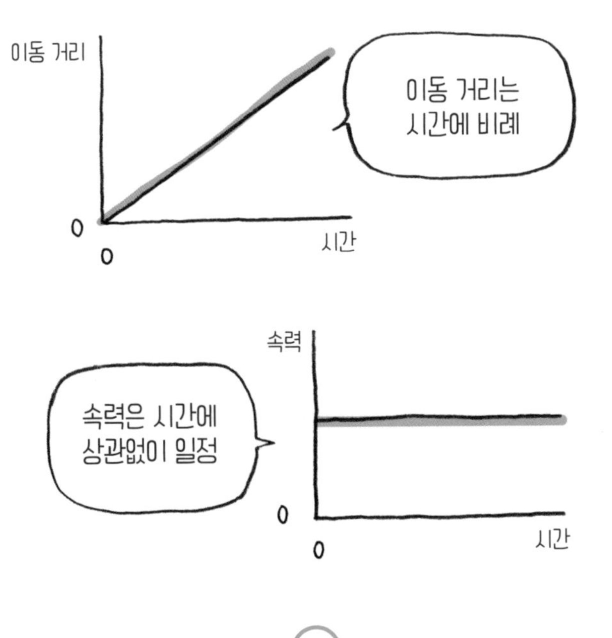

◎ 빗방울이 엄청난 속력으로 떨어지지 않는 이유는 무엇일까? ◎

하늘 높은 곳에서 떨어지는 빗방울은 중력이 계속 작용해서 엄청난 속력으로 떨어질 것 같은데, 그렇지 않다. 빗방울은 생긴 직후부터 점차 속력이 빨라지며 낙하한다. 더불어 공기의 저항력도 커진다. 그리고 어떤 지점에서 중력과 공기의 저항력이 균형을 이루게 된다. 따라서 그 이후에는 등속 직선 운동을 하며 떨어진다. 대체로 빗방울이 떨어지는 속력은 1~8m/s정도다. 또 빗방울은 우리가 흔히 떠올리는 아래가 볼록한 물방울 모양이 아니라 가로로 조금 찌그러진 모양을 하고 있다. 공기의 저항을 받기 때문이다.

그림 8 빗방울의 형태

F
F
내 힘으로 이만큼 움직였다~

슥슥슥
쑥

제7장

에너지는 보존된다

우리가 일반적으로 사용하는 '일'의 의미와 과학에서 말하는 '일'의 의미에는 같은 면도 있지만 다른 면이 더 많다. 과학에서 말하는 일은 분명하게 정의되어 있다. 이를 기초로 하면 에너지에 대해서도 분명하게 정의 내릴 수 있다. 이 장에서는 물리의 중요한 개념인 에너지에 대해 배워보자.

·1· 과학의 관점에서 말하는 '일'

과학(자연과학)에서 말하는 '일'이란 일상생활에서 말하는 일과 상당히 다른 점이 있다. 일의 정의는 다음과 같다(그림 1).

> 물체에 힘이 작용하여 물체가 힘의 방향으로 이동할 때 '힘이 물체에 일을 한다'고 한다.

여기서 '물체'를 중심으로 생각하면 '일을 받았다'고 볼 수 있다.

그림 1 일의 정의

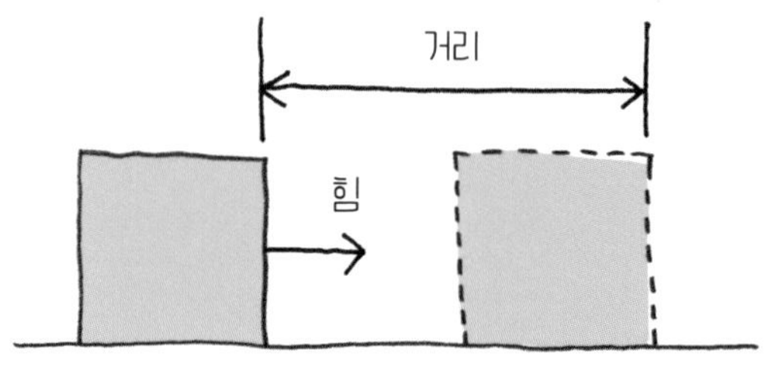

일 = 힘의 크기 × 힘의 방향으로 움직인 거리

과학적으로 일을 생각할 때, '무엇이 무엇에게 한 일인가', '무엇이 무엇으로부터 받은 일인가'를 분명히 하는 것이 중요하다. 물체에게 일어난 일의 크기는 다음과 같다.

일의 크기=물체가 받은 힘의 크기×그 힘의 방향으로 이동한 거리

일의 단위는 힘의 단위인 N에 거리의 단위인 m를 곱한 Nm(뉴턴미터)인데, 이것을 특히 J(줄)이라고 부른다. J은 이미 열량의 단위에서 소개했다.

문제 1 질량 1kg의 물체를 1m 들어 올리는 데 손이 하는 일의 크기는 몇 J인가? 이때 물체가 손으로부터 받은 일의 크기는 몇 J인가?

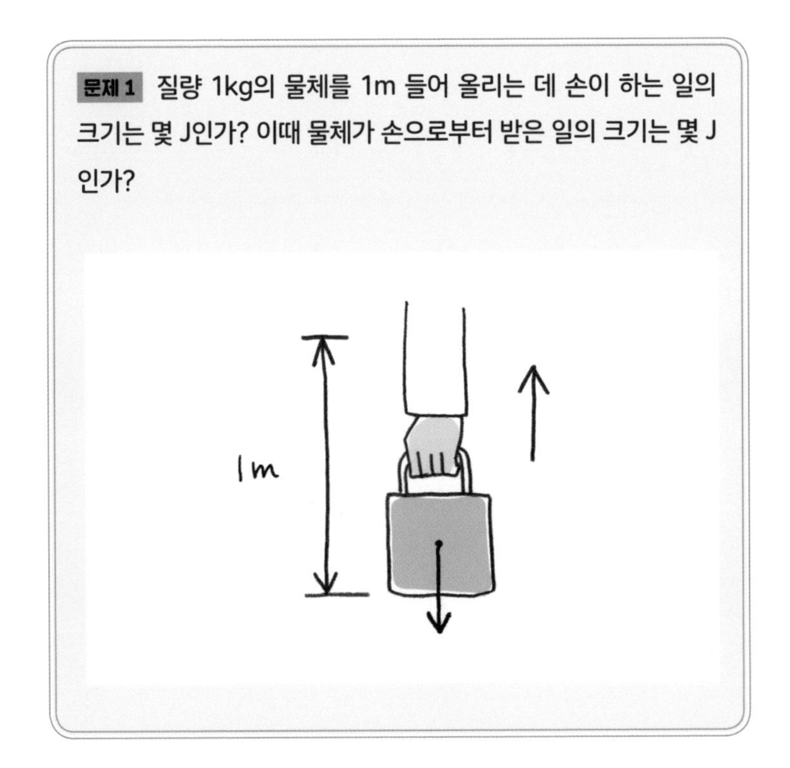

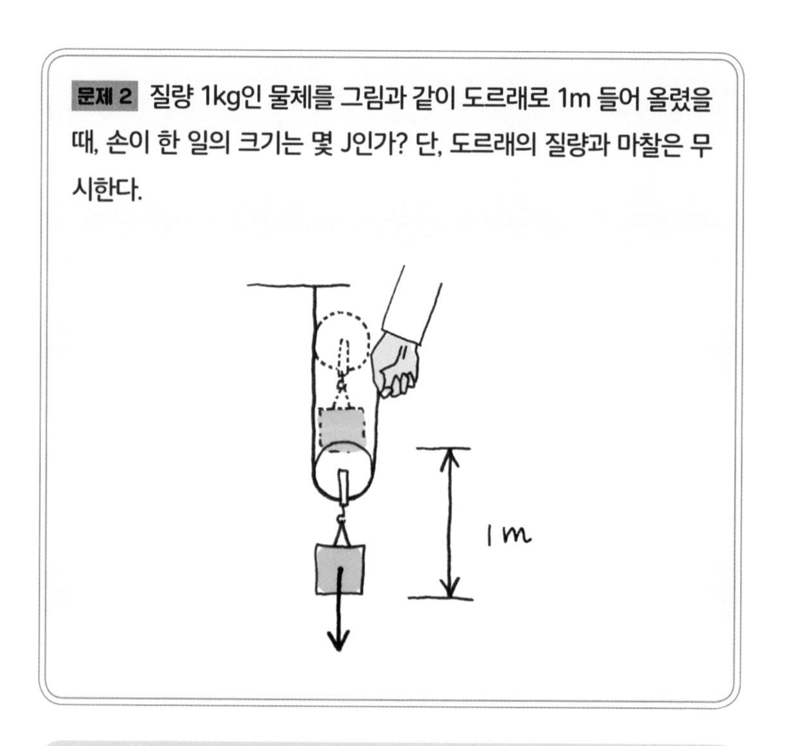

문제 2 질량 1kg인 물체를 그림과 같이 도르래로 1m 들어 올렸을 때, 손이 한 일의 크기는 몇 J인가? 단, 도르래의 질량과 마찰은 무시한다.

정답 문제 1, 2 모두 9.8J

지구상에서 질량 1kg인 물체에 작용하는 중력의 크기는 9.8N이다. 그러므로 물체의 무게(N)는 질량(kg)을 사용해 다음과 같이 나타낸다.

물체의 무게(물체가 받는 중력의 양)=9.8N/kg×질량(kg)

문제 1은 '일=힘의 크기×힘의 방향으로 움직인 거리'이므로

9.8N×1m=9.8J

문제 2의 경우, 도르래는 힘이 반으로 줄어들지만, 손의 이동 거리는 2배가 되는 도구이므로 다음과 같다.

$$4.9N \times 2m = 9.8J$$

문제 2를 물체를 중심으로 보면 물체는 직접 손으로 들어 올려졌을 때와 같은 높이로 올라가므로 문제 1과 같다. 도르래를 사용하든 직접 들어 올리든 물체가 받은 일은 변하지 않는다. 도르래를 쓰면 힘을 아낄 수 있지만 거리에서 손해를 본다. 힘을 아끼고 싶을 때는 도르래를 쓰면 된다(도르래의 무게는 무시할 수 있을 정도로 가벼운 것을 쓴다).

힘이 반이 되는 이유

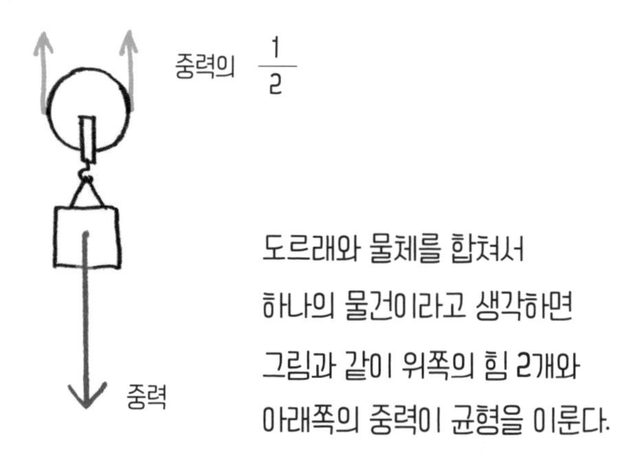

·2· 도구를 쓰면 힘이 덜 드는 이유

그렇다면 경사면에서는 어떻게 될까(그림 2)? 높이가 1이고 경사면의 길이가 2라고 하자(삼각자 모양). 이 경사면 위에 질량 100kg인 물체를 놓고 1m 높이까지 들어 올린다. 경사면을 사용하면 물체에 작용하는 중력을 경사면의 방향과 수직인 방향으로 분해했을 때, 경사면을 따라 들어 올리는 힘과 같은 크기의 힘으로 들어 올리면 된다. 그 힘은 50kgf, 즉 490N이다. 경사면을 사용해도 일은 '490N ×2m=980J'으로 직접 들어 올렸을 때와 같다.

그림 2 경사면과 일의 원리

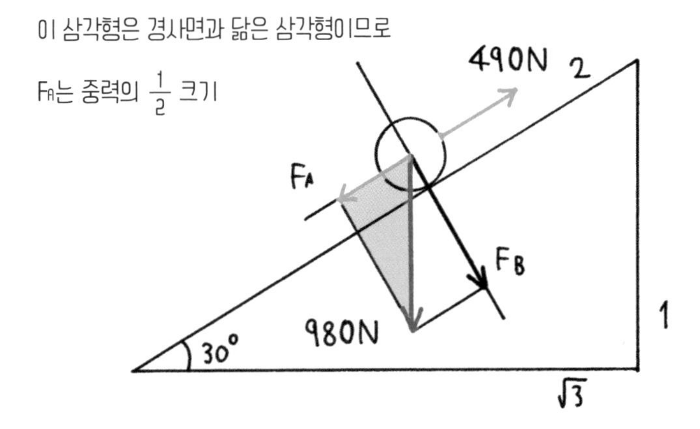

• 도구를 써도 일의 양은 변하지 않아

그렇다면 지렛대를 이용하면 어떨까(그림 3)? 지렛대를 이용하면 적은 힘으로 물체를 들어 올릴 수 있다. 하지만 지렛대를 이용하지 않을 때와 같은 높이까지 물체를 들어 올리려고 하면 힘점이 이동하는 거리는 작용점이 이동하는 거리보다 길어져서 결국 전체 일의 양은 변하지 않는다. 도르래나 경사면이나 지렛대를 이용해도 직접 하는 일에는 변함이 없다. 이것을 '일의 원리'라고 한다. 도구는 비록 거리가 늘어나더라도 힘을 아낄 수 있어서 쓰는 것이다.

그림 3 지렛대의 원리

◎ 일의 크기가 변하지 않는데 왜 도구를 쓸까? ◎

도구를 쓰든, 사람이 직접 물체에 힘을 가하든, 일의 크기는 변화하지 않는다. 그렇다면 왜 도구를 쓰는 걸까?

이는 다음에 다룰 일의 능률(일은 특히 일률이라고 한다)과 관련이 있다. 사람이 직접 하면 더 많은 시간과 힘이 드는 일에 도구나 기계를 사용하면 지치지 않고 빠르게 작업할 수 있기 때문이다. 도구를 사용하는 이유는 필요한 일의 크기는 변하지 않더라도 일률을 높일 수 있기 때문이다.

그림 4 도구를 쓰는 이유

·3· 사람이 하는 일의 능률도 계산할 수 있다?

어떤 일을 해낼 수 있다고 해도 수만 년이나 걸린다면 그 일은 할 수 없는 것과 다름없다. 일의 능률은 1초 사이에 어느 정도의 일을 할 수 있는가로 측정할 수 있다. 이것을 '일률'이라고 하는데(그림 5), 일의 크기를 일하는 데 걸린 시간(초)으로 나누면 구할 수 있다. 단위는 Nm/s 또는 J/s 등을 사용한다.

그림 5 일률이란

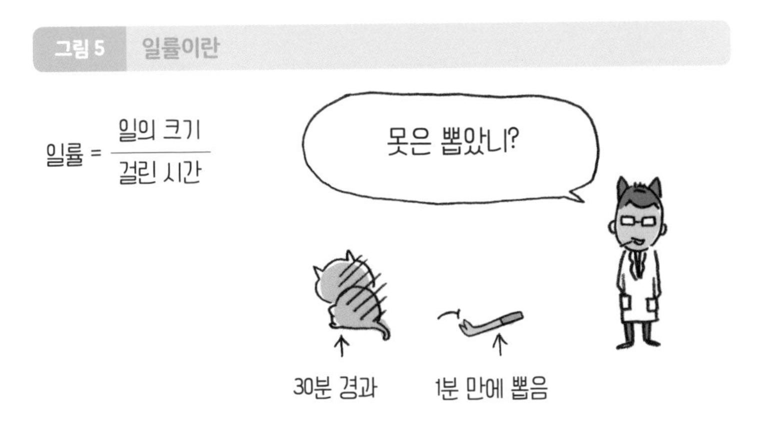

◎ 전력의 와트도 일률의 단위 ◎

전력의 W도 일률의 단위다. 1W=1Nm/s=1J/s다. 그러므로 100W인 전구를 1초 동안 켜는 것은 약 10kg인 물체를 1초 동안 1m 끌어 올리는 일과 거의 같은 셈이다.

◎ 사람의 일률은 약 100W ◎

백열전구나 모터 등의 전기 제품에 60W나 40W 등 단위가 W로 표시된 숫자가 적힌 것을 본 적이 있을 것이다. 이것 역시 일률이다. 모터를 사용해서 물체에 힘을 가해 움직이게 함으로써 전기의 일률을 잴 수도 있다. 전기의 일률은 전류(A)와 전압(V)을 곱한 것이다. 다시 말해 전력이다.

일은 열로 바뀌므로 1초 동안 발생하는 열량도 일률로 표시된다. 가령, 우리 인간이 발생시키는 열은 100W 정도다. 즉, 사람이 한 명 있으면 100W 전구가 켜지는 것과 거의 비슷한 정도의 열을 발생한다. 하루는 약 86,400초이므로 인간은 하루에 8,640kJ(약 2,000 kcal)의 열을 낸다. 이 에너지는 우리가 매일 먹는 음식으로부터 공급받는다.

그림 6 사람의 일률

·4· 에너지, 일을 할 수 있는 능력

어떤 물체가 '일을 할 수 있는 능력'을 가지고 있을 때 '물체는 에너지를 가지고 있다'고 말한다. 예를 들면, 높은 곳에 있는 물체는 떨어지면 지면의 말뚝을 박을 수 있다(그림 7). 말뚝은 그 힘을 받아서 지면에 꽂히므로(일정 거리를 이동), 말뚝은 일을 받는 셈이다. 그래서 높은 곳에 있는 물체는 그 자체로 에너지를 가지고 있다고 할 수 있다. 운동하는 물체도 부딪히면 다른 물체에 힘을 가해 움직이게 할 수 있으므로 에너지를 가지고 있다고 할 수 있다. 에너지의 크기는 다른 물체에 할 수 있는 일의 크기로 나타낼 수 있으므로 일과 같은 단위를 쓴다. 즉, Nm(뉴턴 미터)나 J(줄) 등이다.

그림 7 높은 곳에 있는 물체의 에너지

·5· 위치 에너지와 운동 에너지

● 높은 위치에 있는 물체가 가지고 있는 에너지

높은 위치에 있는 물체가 낙하하면 아래에 있는 물체를 변형시키거나 움직이게 할 수 있다. 즉, 높은 위치에 있는 물체에는 일을 할 능력이 있다. 높은 위치에 있는 물체가 가지는 에너지를 '위치 에너지'라고 한다(그림 8).

물체가 가진 위치 에너지는 위치가 높을수록 크고 질량이 클수록 커진다. 즉, 위치 에너지는 높이와 질량에 비례한다.

그림 8 위치 에너지

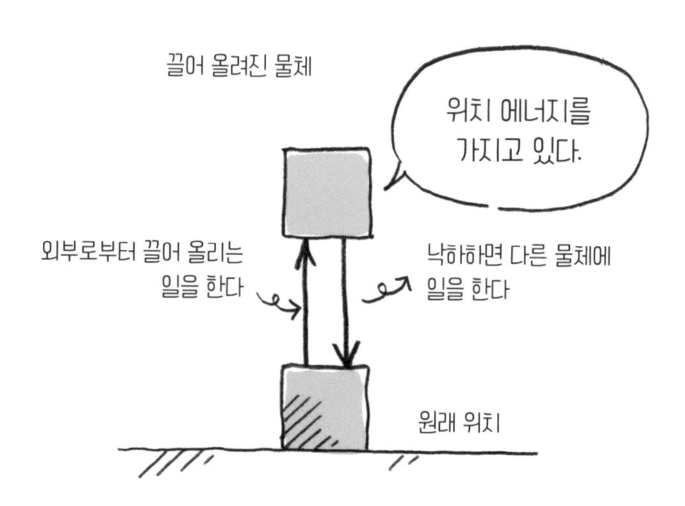

• 운동 중인 물체가 지니고 있는 에너지

운동 중인 물체는 다른 물체와 충돌해 그 물체를 변형시키거나 움직이게 할 수 있다. 즉 운동 중인 물체는 일을 할 능력이 있다. 따라서 운동 중인 물체는 에너지를 지니고 있는데, 이것을 '운동 에너지'라고 한다(그림 9).

물체가 지닌 운동 에너지는 물체의 속력이 클수록 크고, 질량이 클수록 커진다. 더 자세히 말하자면 운동 에너지는 속력의 제곱과 질량을 곱한 양에 비례한다.

그림 9 운동 에너지

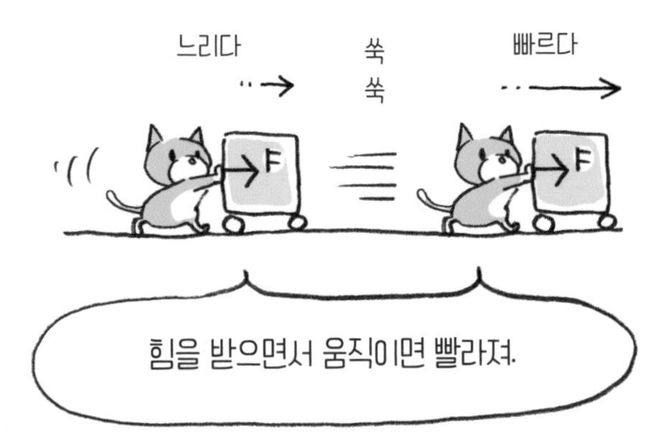

·6· 에너지들끼리 서로 옮겨다닌다고?

위치 에너지는 질량과 높이로 정해지고, 운동 에너지는 질량과 속도로 정해진다. 위치 에너지와 운동 에너지를 합쳐서 '역학적 에너지'라고 부른다. 운동 에너지와 위치 에너지는 서로 옮겨다니는데(변환되는데), 합계인 역학적 에너지는 일정하다. 이것을 '역학적 에너지 보존 법칙'이라고 한다.

이것을 진자의 운동으로 살펴보자(그림 10). A, C점에서는 운동 에너지는 0이고 위치 에너지만 있다. B점에서는 위치 에너지는 0이고 운동 에너지만 있다. 그리고 모든 지점에서 위치 에너지와 운동 에너지를 더한 값은 언제나 같다.

그림 10 위치 에너지와 운동 에너지의 관계

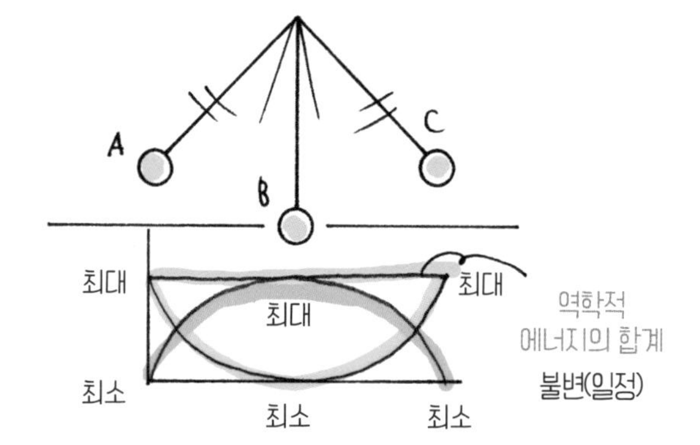

A, C점: 위치 에너지 최대
B점: 운동 에너지 최대, 위치 에너지 최소
운동 에너지+위치 에너지의 값은 항상 같다.

● 발전은 에너지의 변환

수력 발전에서는 높은 곳에 있는 물을 낙하시켜서 발전기를 돌린다. 이것은 댐에 축적된 물의 위치 에너지로 발전기의 터빈을 돌리는, 즉 위치 에너지를 운동 에너지로 변환하는 것이다. 그렇다면 다음 문제를 한번 풀어보자.

문제 **그림과 같은 경사면 A점에 물체를 놓았더니 경사면을 따라 운동했다. 경사면과 물체 사이에 마찰은 없다고 하자.**

① 물체는 A점에서 시작해서 어떤 운동을 할까?

② 물체의 속력이 B점과 같은 것은 어느 점일까?

③ 물체가 D점에서 가지는 운동 에너지는 E점에서 가지는 운동 에너지의 몇 배일까?

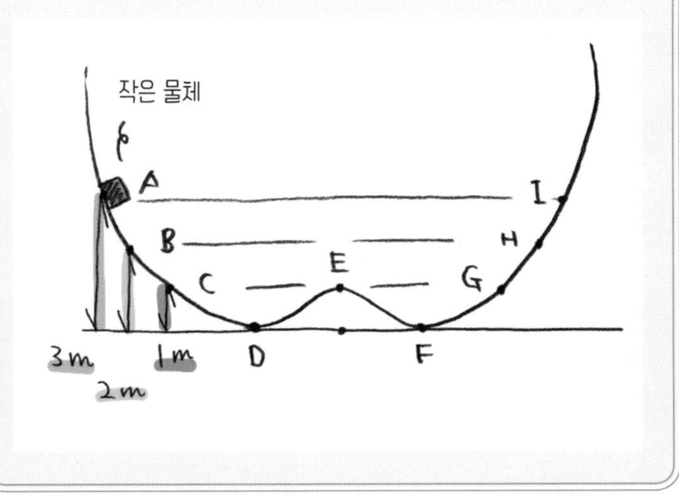

• 에너지가 무엇으로 변환되었는지 생각해보자

위치 에너지의 기준을 D, 즉 맨 아래 점을 통과하는 수평선에 놓는다.

① A점에서 운동 에너지는 (가)다. 물체가 가지고 있는 전체 역학적 에너지는 A점에서 가지고 있는 위치 에너지가 된다. 이 에너지는 높이가 내려감에 따라 운동 에너지로 변해간다. 모두 운동 에너지로 변하는 것은 우선 (나)점이다. 그리고 F점부터는 올라가는데, 점점 운동 에너지는 작아지고 위치 에너지는 커진다. 운동 에너지가 0이 되고 모두 위치 에너지로 변하는(즉, 멈추는) 것은 (다)점이다. 또 그 지점부터 미끄러져 내려오므로 이 물체는 (라) 운동을 반복하게 된다.

② 위치 에너지+운동 에너지는 일정하므로 위치 에너지가 같다면(높이가 같다면) 그곳에서의 (마)도 같은데, 속력이 같아지므로 (바)점이다.

③ 물체가 D점에서 가지는 운동 에너지는 (사)점에서 가지는 위치 에너지와 같아진다. 이것을 3이라고 하자. 그러면 E점에서 가지는 위치 에너지는 (아)다. 이때 운동 에너지는 3-(아)=(자)가 된다. 답은 3÷(자)=(차)배다.

정답 가: 0 나: D(와 F) 다: I 라: 왕복 마: 운동 에너지
바: H 사: A(또는 I) 아: 1 자: 2 차: 1.5

◎ 롤러코스터의 높이 ◎

놀이동산의 롤러코스터는 한번 높은 지점까지 올라간 뒤 선로를 따라 내려갔다 올라갔다를 반복한다. 이때 진자와 같이 위치 에너지와 운동 에너지가 서로 옮겨가며 운동한다. 즉, 처음에 올라간 높이에서 가진 위치 에너지보다 많은 에너지를 가지는 일은 없다. 그러므로 외부에서 에너지를 추가로 공급하지 않는 한 처음에 올라간 높이 이상으로 상승하는 롤러코스터는 없다.

◎ 우주에서 물체의 운동과 에너지 ◎

우주 공간에서 일정한 속력으로 등속 직선 운동을 하고 있는 물체가 있다고 하자. 이 물체는 속력의 제곱과 질량을 곱한 양에 비례하는 운동 에너지를 가지고 있다. 외부로부터 힘이 가해지지 않으면 이 물체의 운동 에너지는 사라지지 않는다. 어디까지고 등속 직선 운동을 해나간다. 지구상에서 운동하고 있는 물체의 속력이 느려지고 결국 멈추는 이유는 물체가 지닌 운동 에너지가 다른 에너지로 변해가기 때문이다. 특히 마찰로 인해 열에너지로 바뀌는 경우가 대부분이다.

·7· 에너지 보존 법칙

● 에너지 보존 법칙

역학적 에너지(위치 에너지+운동 에너지)는 서로 옮겨가는데(변환되는데), 그 합계는 일정하다.

그러나 실제로는 운동 에너지가 전부 위치 에너지로 변하지 않고 운동 에너지의 일부가 열에너지로 변하는 경우가 많다. 즉, 열로 변한 만큼 운동 에너지는 줄어들고 속력이 느려진다. 열에너지로 변한 만큼 역학적 에너지는 줄어들게 된다.

예를 들어, 진자 운동을 떠올려보자. 진자 운동에서는 위치 에너지와 운동 에너지가 다음과 같이 서로 옮겨간다(그림 11).

위치 에너지 ↔ 운동 에너지

한동안 진자 운동을 관찰해보면 서서히 진자가 움직이는 폭이 작아지고 결국 진자는 멈춘다. 이것은 역학적 에너지가 줄어들었음을 말한다. 완전히 역학적 에너지가 보존된다(운동 에너지+위치 에너지가 언제나 일정하다)면 멈추지 않을 것이다. 마지막에 진자가 멈춰버리는 주된 이유는 받침점 부분의 마찰로 인해 열에너지가 발생하기 때문이다. 역학적 에너지가 줄어든다고 하더라도 에너지 자체가 없어져 버린 것은 아니고, 역학적 에너지가 감소한 만큼 열에너지가 늘어난 것이다.

그림 11 진자와 열에너지

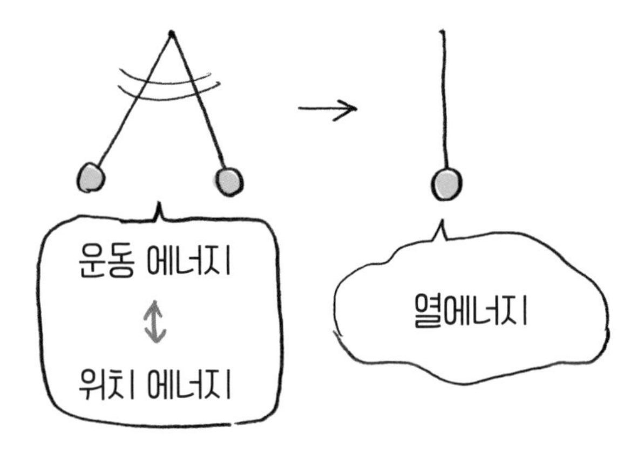

즉, 진자가 흔들릴 때는 다음과 같은 관계가 성립한다.

'최초의 위치 에너지'='역학적 에너지'+'열에너지'

그리고 진자가 멈춘 시점에서는 다음과 같이 되어 결국 처음의 위치 에너지가 모두 열에너지로 변해버린다.

'최초의 위치 에너지'='열에너지'

이렇게 모든 종류의 에너지를 합하면 역시 에너지의 총합은 일정하게 유지된다.

• 자연계를 지배하는 에너지 보존 법칙

그렇다면 열로 변한 에너지도 포함해서 생각해보자. 열에너지까지 포함하면 역학적 에너지와 열에너지의 합은 항상 변하지 않고 같아진다. 즉, 에너지는 없어지지 않고 또 새로 발생하는 일도 없다. 이것을 '에너지 보존 법칙'이라고 한다. 에너지 보존 법칙은 자연계를 지배하는 중요한 기본 법칙이다(그림 12).

사실 역학적 에너지 보존 법칙은 마찰이 없다는 조건일 때 성립하는 법칙이다. 하지만 에너지 보존 법칙은 마찰의 유무에 상관없이 항상 성립한다.

그림 12 에너지 보존 법칙

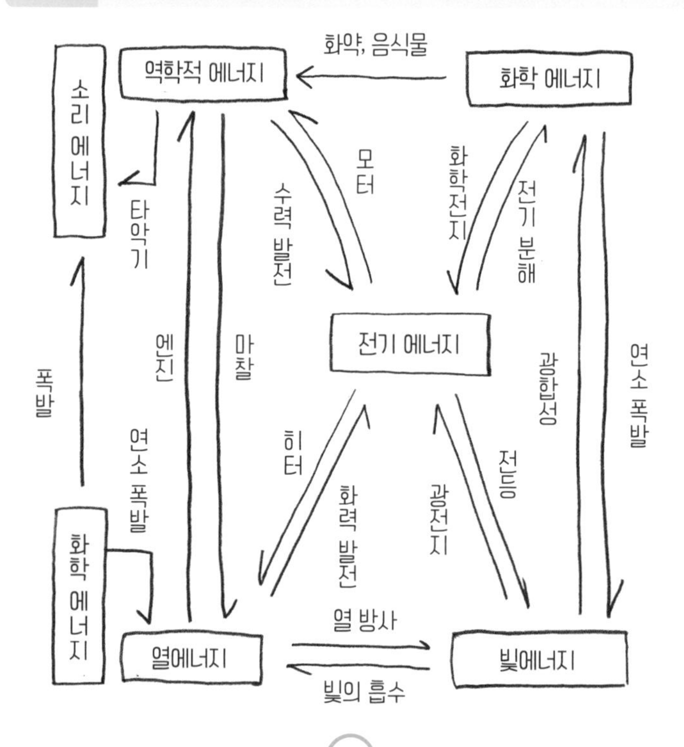

기계나 장치는 받은 에너지 전부를 일로 바꿀 수 없다. 받은 에너지의 몇 %를 일로 바꿀 수 있는지를 '효율'이라고 한다.

예를 들어, 백열전구는 전기 에너지의 몇 %만 빛에너지로 바꾸고 나머지는 열로 방출한다. 형광등은 더 효율이 높은데, 그렇다고 해도 20% 정도다. 한편 건전지는 화학 에너지의 90%를 전기 에너지로 바꿀 수 있다. 하지만 어떤 상황에서도 100%를 바꾸어 사용할 수는 없다. 특히 자동차 엔진처럼 연료의 화학 에너지를 연소에 의해 열에너지로 바꾸고, 또다시 운동 에너지로 바꾸려고 할 때는 아무래도 낭비되는 열에너지가 생기고 만다. 또 엔진의 마찰열도 무시할 수 없다. 연료의 불완전 연소로 버려지는 양도 있어서 효율은 25% 정도가 되고 만다.

낭비되는 열에너지를 포함해서 모든 에너지는 보존된다(에너지 보존 법칙). 에너지가 부족하다는 말을 자주 듣곤 하는데, 이것은 우리에게 도움이 되는 에너지가 부족해짐을 의미한다. 석유 등 화석연료는 먼 옛날 식물이 오랜 시간에 걸쳐 축적한 화학 에너지를 가지고 있다. 이것을 우리는 짧은 시간에 소비해서 열에너지로 방출한다. 지금의 녹색식물도 광합성으로 화학 에너지를 축적하고 있지만 이 속도를 훨씬 웃도는 소비다. 따라서 바람, 파도, 지열, 태양 등 눈앞에 있는 에너지를 얼마나 저렴하고 효율적인 에너지로 바꾸어 사용할지가 앞으로의 과제다.

◎ 여러 에너지의 원천은 태양 에너지 ◎

지구상에는 열 복사(물체에서 열에너지가 적외선 등 빛의 형태로 방출되는 현상) 등으로 태양 에너지가 쏟아져 내린다. 우리는 태양 에너지를 빛에너지나 열에너지 형태로 직접 이용하는데, 그 밖에도 여러 가지 형태로 태양 에너지를 이용하고 있다.

우리가 먹는 음식은 식물이 태양 에너지로 광합성을 해서 만든 것이 원천이 된다(음식은 화학 에너지를 가지고 있다). 석유나 석탄 등 화석 연료도 마찬가지이므로, 전기 에너지도 그 원천은 태양 에너지라고 할 수 있다. 수력 발전도 태양 에너지로 증발해 비가 되어 높은 곳에 쌓인 물의 위치 에너지를 이용한 것이며, 풍력 발전도 태양 에너지로 일어난 대기의 흐름을 이용하므로 원천은 태양 에너지다. 다만 원자력 발전은 원자핵이 분열할 때 나오는 에너지를 이용하는 것이므로 태양 에너지가 아니라고 할 수 있다.

끝
수고하셨습니다~
휙
휴
수고했어요.

찾아보기

| ㄱ |

가시광선 40
고체 48, 57, 98
관성 법칙 192
광선 17
굴절각 26
기체 48, 98

| ㄴ |

낙하 운동 190
난반사 22
뉴턴 미터(Nm) 199
뉴턴(N) 59

| ㄷ |

대기압 88
대전 125
대전열 126
도체(금속) 131
등속 직선 운동 192

| ㅁ |

마찰력 182
만유인력 58
모터 168
무게 70, 172
물체의 중심 75
밀리암페어(mA) 136

| ㅂ |

반사 16
반사 법칙 20
발열량 156
발전기 172
방전 126, 138

병렬 회로 140
볼록 렌즈 30
볼트(V) 136
부도체(비금속) 131
부력 185
분력 180
비열 115
빛의 굴절 25

| ㅅ |

수압 86
순간 속력 187
실상 34

| ㅇ |

암페어(A) 136
압력 82
액체 48, 98
에너지 207
에너지 보존 법칙 214
역학적 에너지 210
열 102
열량 108
열에너지 214
열의 이동 102
오목 렌즈 37
온도 94
옴(Ω) 148
옴의 법칙 147
와트(W) 156
와트시(Wh) 160
운동 에너지 209
위치 에너지 208
유도 전류 171
인력 58
일 198
일률 205
일의 원리 203

입사각 26

| ㅈ |

자기장 163
자석 162, 165
자석의 힘 62
자외선 41
자유 전자 132
자기화 164
작용 · 반작용 법칙 65
작용점 75
저항 148
적외선 41
전력 156
전력량 160
전류계 144
전반사 26
전압계 144
전자석 166
전자기 유도 171
정전기 64, 123, 127
줄(J) 108
중량 70
중력 58
직렬 회로 140
진동 43
진동수 44
진동의 주기 44
진동의 진폭 43
진자 43
진자의 등시성 44
질량 70

| ㅊ |

초음파 47
초점 30
초점거리 30

| ㅋ |

칼로리(cal) 108

크룩스관 139

| ㅌ |

탄성 56

| ㅍ |

파스칼(Pa) 83

팽창 98, 100

평균 속력 187

프리즘 30, 40

플레밍의 왼손 법칙 168

| ㅎ |

합력 178

허상 20

헤르츠 44

힘 54

힘의 균형 184

힘의 분해 180

힘의 평행사변형 법칙 179

힘의 합성 178

처음부터 물리가 이렇게 쉬웠다면

제1판 1쇄 발행 | 2021년 2월 26일
제1판 7쇄 발행 | 2024년 11월 8일

지은이 | 사마키 다케오
옮긴이 | 신희원
감수자 | 강남화
펴낸이 | 김수언
펴낸곳 | 한국경제신문 한경BP

주소 | 서울특별시 중구 청파로 463
기획출판팀 | 02-3604-556, 584
영업마케팅팀 | 02-3604-595, 562 FAX | 02-3604-599
H | http://bp.hankyung.com E | bp@hankyung.com
F | www.facebook.com/hankyungbp
등록 | 제 2-315(1967. 5. 15)

ISBN 978-89-475-4694-2 44420
978-89-475-4696-6 44400(세트)

책값은 뒤표지에 있습니다.
잘못 만들어진 책은 구입처에서 바꿔드립니다.